VIRTUAL REALITY

FINAL COMMUNICATION

虚拟现实
最后的传播

聂有兵 | 著

中国发展出版社
CHINA DEVELOPMENT PRESS

图书在版编目（CIP）数据

虚拟现实：最后的传播 / 聂有兵著. —北京：中国发展出版社，2017.4

ISBN 978-7-5177-0589-5

Ⅰ.①虚… Ⅱ.①聂… Ⅲ.①虚拟现实—研究 Ⅳ.①TP391.98

中国版本图书馆CIP数据核字（2016）第248903号

书　　　　名：虚拟现实：最后的传播
著作责任者：聂有兵
出 版 发 行：中国发展出版社
　　　　　　　（北京市西城区百万庄大街16号8层　100037）
标 准 书 号：ISBN 978-7-5177-0589-5
经 　销　 者：各地新华书店
印 　刷　 者：三河市东方印刷有限公司
开　　　　本：880mm×1230mm　1/32
印　　　　张：11.375
字　　　　数：224千字
版　　　　次：2017年4月第1版
印　　　　次：2017年4月第1次印刷
定　　　　价：39.00 元

联 系 电 话：（010）88919581　68990692
购 书 热 线：（010）68990682　68990686
网 络 订 购：http://zgfzcbs.tmall.com//
网 购 电 话：（010）88333349　68990639
本 社 网 址：http://www.develpress.com.cn
电 子 邮 件：370118561@qq.com

前言
PreFace

　　为避免读者将本书误认为是一本科幻作品，笔者有必要强调，虚拟现实并非一个基于想象的名词，而是已经进入我们生活、并将成为"Next Big Thing"（下一个大事件）的事物。有多"Big"？恐怕远超人类想象，远超人类历史上曾经出现的所有科技大事件——因为虚拟现实所带来的一切，已经触及生命的根本意义，影响人类的终极目标。虚拟现实已经介入了我们的生活，正在普及，并将在未来的几百年间成为司空见惯的现实。虚拟现实并非一个新概念，但她是一个令人期待已久的大概念。这个概念所引发的宏大想象，曾经让人无比激动；而这足够漫长的等待，却又让人有些心生忘却，以至于当她开始走进我们的生活之时，反而悄无声息。

　　人类的社会在进入一个新纪元。这个纪元发端于互联网的兴起（20世纪90年代）；当前已经过去了20年左右，但这个被称为人类社会第三次工业革命的浪潮，似乎已经远远突破了我们认知的极限，正在向更广、更深的不可预知的情况演变，并且必将巨大地改变人类的生活方式。如果说前几次工业革命是在生产效率和物质积累层面推动了人类历史的变革，那么这次互联网革命带来的则更多地表现为在信息层面、非物质层面对个体实现的自我世界重构，最终将宏观社会推入一个不可预见的境地。

我们对于人类社会进入的新纪元，已经有了一定的认识，但对于这个新纪元带来的影响程度，估计得还远远不足。我们有必要对未来的整体社会环境（尤其是传播环境）进行全面的、科学的、客观的、逻辑的推理分析，并做好应对其负面作用的预警和预判。否则，若一旦出现负面冲击（可能是一夜间，甚至一瞬间），这种冲击在社会学意义上比小行星撞击地球带来的毁灭性灾难将更为深远，也更难以防范。

从另一方面，哲学思考似乎也陷入一个难题：人类具有构建自我世界的能力后，便更接近类似于造物者的角色。如果人类是基于自主思考能力而具有意义的物种，则思想的重要性要远远大于肉体。当肉体可以部分甚至完全抛弃，那么思想所构筑的世界便比物质构建的世界具有更大的合理性：一个思想的灭亡，比一个肉体的灭亡更具有悲剧化特征。人类所构筑的世界（虚拟世界）的规模与现实物质世界相比，其宽度和广度是超越性的，但如果缺乏与现实世界的互动，其只能是并行世界，无法独立的子系统。这个子系统的规模却远远大于其诞生的母体。在这个子系统中，生存的特征是更吸引人，更具有娱乐性和刺激性。人们沉浸于这个子系统似乎是不可避免的。大众的简单欲望在这一系统中发挥

2

得淋漓尽致。各种深刻、各种权力被消解、解构和重建，一种新文化和亚文化在这个子系统中蔓延。一个矛盾是：人类用自身的力量使自身沉沦为物欲和简单刺激的受者，似乎反证了人类的堕落是不可避免的。那么，在未来的现实中，高尚和深刻是否具有话语权？分众化和集权主义的对抗，谁会占据上风？这些都是必须要探讨的。

目 录
Contents

Virtual Reality

虚拟现实

虚拟化生存时代来临

虚拟化生存是什么？简单地说是——半永生时代来临并将最终进入永生时代。

人脑在技术上可以实现完全复制，但不会发生在这100年内。这是本文的假设前提 ①。因此，虚拟化生存是指人类以思维完全数据化、信息化的方式生存，只维持个体所需的基本物质条件以及接入虚拟社会的物质条件。这种生存是以抛弃人类的枷锁——肉体——所获得的半永生状态为代价的。

技术上，现在人类已经可以实现各种器官和感觉的取代和传输，唯一的问题是技术的成本还太高，无法普及。但从人类科技发展史来看，各类科技从发明到普及都是不变的规律；随着技术的发展和成本的降低，只要有市场需求的产品和技术，便一定能普及到中产阶级以上的阶层。以电脑为例，20世纪90年代的个人电脑PC机的售价为1万元左右，当时的城镇人均月收入为

---

① 对于人脑能否被机器（电脑）100%模拟、在多长时间的未来可能实现，未有定论。

1000多元，而今天（2017年）的低档个人电脑价格为1500元左右。除去通货膨胀因素，电脑售价占据个人收入之比例下降趋势十分明显。电脑普及率不断上升，电脑计算能力不断上升。今天的个人手机所具备的运算能力，已经超过了70年代空间卫星的运算能力。电脑微型化、不断渗透到人类文明的各个层面，并不断融合到人类的日常生活和劳动工具，甚至人类自身——义肢便是人类最初展现自身器官取代性的一个代表。南非的残奥会冠军、著名残疾人田径运动员、世界上跑得最快的无腿人奥斯卡·皮斯托瑞斯（Oscar Pistorius），外号"刀锋战士"，则是一个技术层面上加入更多人体工学、机械学和材料学成分于人体的案例，只是这其中最终的一步即统合信息化尚未完成。而未来的虚拟化生存，是人类在高比例的机器替代人体、接入互联网、将感官全部数字化、信息化条件下的生存。

"虚拟"和虚拟化生存的概念

虚拟现实的概念来源于英文 Virtual Reality。对此英文单词的译法，曾出现过一些争论。最终"虚拟现实"一词更为受人认可，逐渐固定下来。国内文献中较早提出此概念的是刊登于《世界研究与发展》1992年第6期的文章《虚拟现实研究前景展望》，陈茜摘译。该文并没有介绍虚拟现实的概念，仅仅以新闻报道的语气介绍了美国对虚拟现实的初步应用，文章说"直至前不久虚拟现实技术都还只不过被看成是用于训练飞机驾驶员、核电站工程师、舰船和潜艇导航员的一种高技术手段……最近，许多领域的虚拟现实研究的开发利用迅速增加，这些领域包括药物设计、地面行星探测、制造业和飞行员训练等……几个美国政府机构已对……开展这项研究表示出兴趣……研究工作预期于1992年秋季开始"。文章清楚表明了，虚拟现实应用研究在美国始于1992年。1993年刊载于《情报杂志》Z1期的何明的文章《注意：当代十大关键科技进入快行道》则认为虚拟现实技术是"利用电脑影像技术在屏幕上创造假想的实况"以及遥控机器人操作。显然，这体现了当时条件下，人们对虚拟现实的一个具有局限性的认识——将虚拟现实局限为电脑屏幕或遥控技术。同年，柯文在《世界知识》第18期的文章《走进奇妙的世界——浅谈虚拟现实技术》中，较为准确地描述道："虚拟现实技术是在计算机技术基础上发展起来的一种新技术。……是人通过传感器和操纵装置看到一个经过计算机处理、控制的模拟世界。在虚拟现实中，人们看到、听到甚至触摸到的，都是一个并不存在的虚拟世界，但它又是那么逼真，使我们切切实实地感觉到它的存在。"此处比较准确地描绘了虚拟现实的感受，但仍然受限于技术认识，无法突破到更深刻的层次即"虚拟即真实"上来。从知网的搜索结果看，以"虚拟现实"为篇名的文章从1993年的2篇增加到1994年的21篇。其中《北京图书馆馆刊》第1/2期的文章：《网络出版、电子图书馆和虚拟图书馆》（作者李伟、顾犇）中提到"所谓的'虚拟图书馆'，就是这样一种图书馆，用户可以在其中存取比单个馆藏多很多的信息，不局限于某一图书馆的馆藏。在完美的虚拟图书馆中，用户可以立即在自己的案头检索全世界的信息"。此处将虚拟现实的一个具体应用即虚拟图书馆进行了解析和展望。从1994年到此后10年，有关"虚拟现实"的研究飞速发展。只是多年来，针对虚拟现实的主要研究方向集中于理工自然学科，应用性、专业性较强，与普通人的生活并无太大直接关联。但随着时间的推移，电子消费品和互联网的普及，电子设备与人类的生活息息相关，交叉渗透，成为我们日常生活中不可或缺的成分：电子邮件、即时通信的QQ、微信、新闻浏览、娱乐、学术信息、兴趣爱好、人际圈、生活服务等，不论何种应用方式，都与电脑PC或智能手机的使用成为一体。在这种形势下，普通人与虚拟现实世界的关系越来越密切。这引申出一个问题：虚拟现实将如何在更深远的领域影响我们的人文和社会生活，包括哲学、社会科学等等一系列领域？这是本书将深入分析的。

我国对于"虚拟现实"的翻译，来源于英文单词 Virtual Reality（简称 VR）。对此，著名的英文网络百科网站 wikipedia 是这样解释的："它有时指的是沉浸式的多媒体，是一种电脑模拟环境，可以在真实或想象的世界中模拟物理性的存在，它可以创建感官体验，包括虚拟的味觉、视觉、嗅觉、声音、触觉等。"[1] 这一

---

[1]　http://en.wikipedia.org/wiki/Virtual_reality.

解释较为符合虚拟现实的技术现状。但是仅从字面描述上看，我们还难以想象其对未来的人类生活的深远影响。

美国作家、教育家，被称为"网络空间思想家"的 Michael R. Heim 博士在其 1993 年的著作 *The Metaphysics of Virtual Reality*（可译为《虚拟现实的形而上学》）中，提出虚拟现实的 7 个不同概念特征：模拟、互动、人工、沉浸、遥在、全身沉浸和网络沟通。模拟，是指虚拟现实环境模拟的是某个环境——可以是现实世界，也可以是非现实世界，这个世界具有一定规律；互动，是指在这个环境内，人可以和环境、和他人、和人工智能等通过各种模拟现实的手段进行沟通交流或信息交换；人工，是指这一环境是由人创造的（在更远的未来可以是人工智能创造的）；沉浸，是指人进入虚拟世界的一种状态，即真实世界的一切感受暂时消失或被忽视，而被人造世界的感受所包围、笼罩和吸引乃至震撼。遥在，是一个新造词，指人存在于一个遥远的场所，他处。这种存在对于虚拟世界中的其他人而言是真实的、有意义的，因此它是一种"存在"，而非虚幻。全身沉浸是指人不需要佩戴额外的电子设备就直接可与虚拟世界进行交互[1]。关于这一点必须提到初期的虚拟现实设备是非常累赘的，需要佩戴头盔、手套等工具。而全身沉浸下的虚拟世界则相反。人类可直接在其中与环境、与他人进行互动。此类技术的核心在于"动作捕捉"，环境通过电脑程序、

---

[1]　http://web.stanford.edu/class/history34q/readings/Michael_Heim/HeimEssenceVR. html.

光线感应（如摄像头）捕捉人的活动，并指令环境进行相应的变化（这一技术已经应用于好莱坞电影特技，和微软的游戏机 xbox 上）。网络沟通与传播使得人类可以十分自由地在网络世界中获得大量的信息，决策自身的行为，同时建立虚拟世界的社区化和人性化。

综上所述，所谓虚拟化生存，可以简单地但又足够充分地解释为：在虚拟现实世界中生存。在虚拟世界中生存的角色，相对于现实世界来说，是一个创造出来的角色，是"虚拟"的；但虚拟世界发源于现实世界，又具备了现实世界所有特征，甚至还在不断扩充一系列前所未有的新世界特征，这让我们不得不怀疑，到底是真实产生了虚拟，还是虚拟修改了真实？尤其是，当自动化、智能化发展到一定阶段，人类的活动将大部分处于虚拟世界，包括对现实世界的影响，也完全通过虚拟世界来完成。虚拟化生存，实际上是另一种现实生存，是在自动化和智能化硬件、软件笼罩下的现实世界，人类在其中的行为方式和生活方式，乃至核心价值观都将发生极大的变化。

从英文角度说，表达了类似"虚拟生存"概念的单词包括：virtual reality（虚拟现实）、virtual survival（虚拟存活）、virtual existence（虚拟存在）、virtual subsistence（虚拟实体）、virtual living（虚拟生活）等。这些概念从不同角度解释虚拟生存，我们在下文中所提到的虚拟生存，更侧重于从技术角度阐释这种状态。

虚拟化生存的技术发展史

虚拟化生存并不是一个一开始便顺理成章的概念，而是在人类社会不断发展的过程中，逐渐成为可能的。人类的肉体伴随着人类的历史，是人类思想的物质基础。从古到今，肉体的完善是人类得以延续发展的必备条件。但肉体在某种角度也同样限制了人类这个强大生物的完善和进化。人类历史在某种程度上就是不断补强自身（器官）的历史。

1. 虚拟化之源：义肢及器官替代

人类义肢（假肢）的大致发展如上图[①]，人类肉体的可替代性，追根溯源应从义肢的历史开始。西方观点认为，义肢最早可追溯到埃及第五王朝（约公元前 2750 年 – 约公元前 2625 年），因为

---

① http://www.amputee−coalition.org/inmotion/nov_dec_07/history_prosthetics01.jpg.

考古学家挖掘出的最早的夹板（骨折患者使用的器具）便是处于那个年代。

公元前 950 年 – 公元前 710 年便有了如下图 ① 的假脚趾头：

古希腊作家希罗多德（约公元前 484 年 – 约公元前 425 年）曾描述过一个通过砍断自己的脚来逃脱铁链的犯人，他使用一个木头假肢来取代失去的脚。

中世纪义肢（上图为彼得·勃鲁盖尔油画《乞丐》）

---

① Kenneth Garrett/Getty Images. http://science.howstuffworks.com/prosthetic-limb1. htm.

文艺复兴时期的义肢①

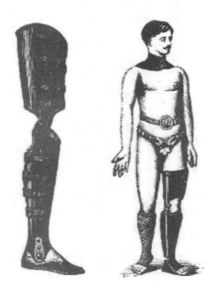

近代的义肢②

---

① http://www.amputee-coalition.org/resources/a-brief-history-of-prosthetics/.

② http://www.amputee-coalition.org/resources/a-brief-history-of-prosthetics/.

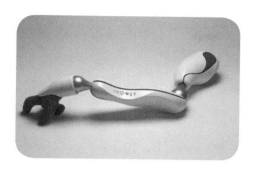

现代义肢①

现代义肢②

今天，技术的发展已经使原始的、功能单一的、不甚精确的义肢向更为精确、功能更复杂的义肢转变。生物工程、材料科学、电子信息技术、3D打印等使得义肢已经远远超出了其原始意义。

① http://www.gizmodo.jp/2009/02/post_5103.html.
② http://www.yankodesign.com/2008/08/11/eames-inspired-prosthetic-leg/.

　　如上图 [1]，耐克公司（Nike）与奥索公司（Ossur）联手推出的新式假肢跑步鞋（2013 年）———一种碳纤维假肢。它不仅可以为假肢使用者带来更为舒适的穿着体验，甚至还能够帮助他们提高运动机能。这种假肢使残疾人也可以与正常人一样同场竞技。最为著名的例子便是伦敦奥运会第一个与健全运动员一起比赛的南非短跑运动员"刀锋战士"奥斯卡·皮斯托瑞斯（Oscar Pistorius）使用一双名为"猎豹（cheetah）"的跑步义肢，在 400 米预赛第一组参赛，最终以 45 秒 44 排名小组第二，顺利晋级。毫无疑问，高科技含量的义肢为残疾人追赶甚至超越健全人的体能做出了极大的贡献，以至于奥运会不得不考虑这种义肢是否属于不公平竞争的难题。

---

①　http://www.pocket-lint.com/news/115074-sarah-reinstern-talks-nike-sole.

奥斯卡·皮斯托瑞斯（Oscar Pistorius）[1]

此外，智能化义肢也进一步使人类朝摆脱肉体的方向前进。所谓智能假肢，是利用人体在失去肢体后仍保存的神经系统（如下图[2]），

① http://www.nydailynews.com/sports/more-sports/pistorius-murder-trial-dedicated-tv-channel-south-africa-article-1.1595202.

② http://www.nationalgeographic.de/reportagen/topthemen/2010/bionik-was-medizin-heute-alles-kann?imageId=3.

通过直接与电子计算机控制下的软硬件相联结，实现超出普通仿真义肢的功能，例如控制机械、打字、照相等。随着技术的扩展，尤其是 3D 打印技术，人类可以不受任何限制地制造实现不同功能的义肢，例如出于军事目的，在人体上装备一挺机枪或激光发射器，这一切已经不再是人类的幻想，而是触手可及的技术。

除了义肢，人造器官技术的发展，使得人类内部所有器官的替代可能性也在不断提升（注：人造器官主要有三种：机械性人造器官、半机械性半生物性人造器官、生物性人造器官。要实现虚拟生存、摆脱肉身，必须以机械性人造器官为前提，因为机械比生物的寿命更长）。例如，1945 年便已实现临床应用的人工肾（血液透析器）可部分模拟肾脏代谢功能；1953 年人工心肺机首次用于人体，其人工肺部分模拟肺进行氧气与二氧化碳交换，通过氧合器使体内含氧低的静脉血氧合为含氧高的动脉血；人工心脏（血泵）代替心脏排血功能的装置，结构与泵相似，能驱动血流克服阻力沿单向流动；1982 年底，美国犹他大学医疗中心的德弗利斯博士为一位 61 岁的患者安装了世界上第一个永久性人工心脏，使病人活了 112 天；2006 年英国科学家研制出一个完全模仿人体消化过程的人造胃，有助于科研人员开发超级营养品；人工眼睛从最初的仅具备装饰作用的假眼珠，到如今可部分实现眼睛功能的电子神经义眼（2010 年出现）。虽然人工器官目前只能模拟被替代器官 1 ~ 2 种维持生命所必需的最重要功能，而且造价昂贵，甚至还可能体积庞大、重量重，不具备便携性，但如同个人电脑一样，从天价到平民化，从专业到普及，这一切也不过是时间问题。

2. 感官替代和感觉传输

人体验世界是通过眼、耳、鼻、舌、肤5种器官与外界进行交互所产生的视觉、听觉、嗅觉、味觉、触觉来实现的。人类所从事的所有活动，都无一例外必须通过这5种感觉。人类的生物性限制着我们的体验。例如，除非是鸟儿或滑翔机运动员，我们无法体验飞翔的感觉；心脏病人无法体验坐过山车的刺激感；很多人出于安全考虑，不敢体验蹦极的感觉，等等。感官替代和感觉传输对于虚拟生存来说是非常重要的任务。如果没有感官，我们无法与世界进行信息交换，也就无法实现与世界的互动——不管这是现实世界还是虚拟世界。2006年，已经有公司为向大脑传输带有味道的数据这一概念申请了专利，其目的旨在用仪器将超声波输入大脑，修改大脑特定部位神经细胞的工作模式，让大脑产生包括味觉和嗅觉在内的各种"感官体验"。以色列魏茨曼研究院的两名科学家研究出了"可以传输味觉"的数学公式。根据他们研究出的方法，我们可以从一台计算机向另外一台传送"加密"的信息，然后这一信息可以通过一个传感器转化为可以使人"感觉到"的香味。英国一家名为Telewest的宽带服务商曾经测试过一种气味发生装置。这种装置允许用户通过互联网传输他们选择的气味。这个茶壶大小的设备内置20种气味胶囊，通过释放一种或者多种胶囊的微粒，它能够制造出 60 种以上的不同气味。配备有这种设备的电脑可以通过软件识别网页或者电子邮件所携带的气味信息，并促使设备释放出对应气味[①]。这意味着，一种比较简单的感官传输方式，是在人周围配置相应的装置，一旦接到相应的远程数据，便向人体施加、释放不同的可感受信息如声光电香等，当然，这只是初步的感觉传输。但当我们注意到感觉实质上是五官通过神经、生物电等生物特性作用并刺激于大脑特定皮层这一事实的时候，我们很自然地能联想到，模拟五官的感觉可以通过机械直接联系大脑来实现。其作用机理是：一方面设计人造器官，获得感应外界的能力并将不同性质、尺度的感受量化为数字信号，例如不同大小的风力吹到脸部的感受，可以用不同的数字代表；不同的气味用不同的数字组合，如同颜色一样（颜色在计算机上的数字化早已广泛应用于图像技术，即不同的数字代表不同的色相、饱和度、色调、亮度等，这在有调色板功能的软件中当前是必备选项，如微软的画图软件），另一方面通过电波传递数字信号，最终转换为人类可识别的信号，刺激到特定的大脑皮层，使不在现场的非参与者也能获得与现场参与者相似的感受，这就是感觉的远程传输。这种感受的逼真程度取决于环境的拟真程度。

　　"身临其境"这个成语可以很好地描述虚拟现实带给人的感

---

① 杨孝、任秋凌：《超声波刺激大脑产生感官体验 互联网将传输气味》，http://www.ce.cn/xwzx/kjwh/gdxw/200504/27/t20050427_3716034.shtml，2005-04-27。

受。为了达到这个目的，虚拟现实装置不断演进升级。其变革可分为 3 个阶段：

第一阶段是以肉身存在为基础和前提下的虚拟体验阶段。这一阶段仅以进入或退出虚拟世界的方式为界限，人类的生活明显分为两种情形，即现实生活和虚拟生活；虚拟生活无法独立存在，需要肉体的支持，虚拟生活只是现实生活的一小部分，集中在工业、设计、医疗、新闻、娱乐等层面。根据虚拟设备的发展情况，虚拟体验又可以分为如下 3 个子阶段，当前人类已经经历子阶段 1，正在经历子阶段 2：

子阶段 1：头戴设备阶段。虚拟现实的一个主要特征是在视觉上创建新世界，视觉是人类感知世界的主要方式，其他感官相对视觉而言只是一种补充。在起步阶段的虚拟技术尚未能兼顾触觉、嗅觉同时应用。因此，一开始研究者开发的虚拟现实装置都是致力于从视觉上呈现一个立体的空间，但仅仅是立体感还不够，因为立体电影也能提供立体感，虚拟空间要模拟身临其境的感觉，必须将虚拟空间以外的视域暂时屏蔽。基于此目的，开发者进一步将头盔设计为眼部前端周围封闭、视野内排除了虚拟空间以外的现实环境，使虚拟空间占领人的全部视域，从而具有沉浸感。这类雏形的头戴设备笨重、体积大、无法移动，如下图 ①。

---

① 17173光速追猎者：《1957才是元年 虚拟现实VR技术60年史话》，http://news.17173.com/content/2016-02-09/20160209010010640_all.shtml，2016-02-09。

子阶段 2：头戴设备附加活动装置阶段。如 Virtuix Omni 的设备如下图[①]。

仅仅是头戴设备只能给使用者带来视觉和听觉刺激，但如果附加各类提供人体四肢和躯干与虚拟世界进行互动的活动装置，

[①]　http://www.virtuix.com/.

又完全是另一层境界，可以极大地丰富虚拟体验。例如跑步装置、虚拟现实手套等，可以将人体的躯干和四肢融入到虚拟现实环境中，获得更为逼真的感受，具体来说，跑步装置可以使人的腿部动作如走、跑、跳等与环境互动，即真实环境中的腿部动作会反馈到虚拟环境中人的视觉变化，包括动作的速度、幅度在虚拟世界中也同步体现；而虚拟手套反馈的是臂部动作和手指动作，手指的点击、抓取都能反馈到虚拟环境中，在虚拟环境中这种动作具有真实意义，是对虚拟环境产生真实影响的。唯一的区别是：真实环境中的动作作用的是真实物体，而虚拟环境中的动作作用的是虚拟物体，虚拟环境中的动作由真实环境的动作驱动，这是为了适应人的习惯从程序上对虚拟世界进行的规则制定。即，从程序设计上虽然可以设计为：真实世界中佩戴虚拟手套的人五个手指摊开（或其他动作）在虚拟世界中形成抓取的动作，但由于不适合人类习惯，这样设计是低效率的，没有任何意义。只有与人类真实世界尽可能相似，人才能最快地适应虚拟环境，因此虚拟世界的物理规则是模仿现实世界的。

子阶段3：内置阶段。所谓内置，即将相关的感应器高度小型化、细微化，植入人体内部，作为辅助感应外界的设备。这样人类便不需要附加累赘的各类机械设备，可以方便地在现实世界和虚拟世界之间切换。此类技术早已成为现实。2014年有报道称，澳大利亚男子本·斯莱特在手上植入米粒大的射频识别技术芯片，他只需轻扬手掌，便可在不触摸状态下控制智能家电开关、

19

开门、开灯、为汽车解锁及将个人资料传给他人[①]。美国国防部高级研究计划局计划打造一个可刺激人体免疫系统治疗疾病的人体植入物。该设备会监控神经系统、器官和整体健康状况，并通过电脉冲触发反应来调节免疫系统，运行内部器官，召唤人体自身的"部队"来对抗感染并修复伤害，不需服药即可对抗炎症疾病[②]。一位名叫 Zoe Quinn 的游戏开发者在自己手掌的拇指和食指之间植入了一枚芯片，该芯片编程为向特定对象发送他的游戏开发主页链接[③]。此外，还有可植入智能手机、治疗芯片、数字药片、避孕芯片、文身控制芯片、人脑与机器的接口、智能生物电池、身份验证等等[④]。

在虚拟体验阶段，虚拟世界和现实世界之间，存在着类似"开关"的界面装置。虚拟设备仅仅是人类日常生活中的一台作用有限的仪器，用于实现某种目的，如娱乐。举例而言，游戏机就是一种具有虚拟世界特征的娱乐装置。打开开关，我们便可以进入一个虚拟的世界，里面有其独特的运行规则，按照这种规则去运行，人类有一定的自由度，并在与这个虚拟世界的互动中挑战自

[①] 王裳：《芯片植入人体来真的！墨尔本科技男手植芯片挥手开关家电》，http://jiangsu.china.com.cn/html/tech/jdzx/352019_1.html，2014-09-10。

[②] 赵青：《DARPA开发人体植入芯片，让身体自愈》，http://www.leiphone.com/news/201408/eRWHZOQjiUOQNBqJ.html，2014-08-30。

[③] 王雪莹：《人体植入电子芯片：游戏开发者植NFC芯片入手》，http://digi.it.sohu.com/20140509/n399327453.shtml?qq-pf-to=pcqq.c2c，2014-05-09。

[④] 编译：Chenzai：《看看这9项人体植入技术比可穿戴更先进》，http://digi.takungpao.com/pc/news/2014-10/2775638.html，2014-10-11。

我，获得精神满足。关闭开关，我们又回到了现实世界。对于部分人例如青少年而言，电子游戏之所以会导致"上瘾"，原因就是这种虚拟世界中获得的精神满足超过了现实世界的客观体验，显得更有幻想性和天马行空的自由感。但当青少年成熟后，由于社会化的压力，加上性满足等更具有刺激性的体验，使得其兴趣转移；同时心智成熟后的自控能力增加，实现了对虚拟世界需求的抑制。但如果虚拟世界的体验强大过现实体验，成年人也会产生沉迷症状。未来的虚拟世界，恰恰可以实现对以上物质和精神二重条件的超越：虚拟生存可以间接满足现实生存所需经济和物质条件；虚拟体验提供了现实体验远不能及的体验，虚拟生存逐渐取代现实生存。

虚拟体验阶段的虚拟世界是相当初级的，只能成为一个重要的工具，而不能大规模地影响人类生活。

第二个阶段是肉身除大脑外全部机械化的阶段。这是随着技术发展、人体的各器官逐个被替代，最终必然出现的阶段。虽然大脑能否被机器和电脑100%模拟尚存争议，但除了大脑以外的其他器官如果实现全面机械化和智能化，那么人类已经获得了相对于现阶段极长的生命。因为目前人类的寿命自然终止往往是由于身体其他器官的衰竭或病变造成，从某种意义上，这些器官是生命体的累赘，将其替换为机械或电子装置后，人类就不需再为这些器官担忧，只需维持人脑的生存即可，类似想象在美国动画片《飞出个未来》中有所描绘。一个人头被装在玻璃瓶中，没有躯干和四肢，但是可以维持思维意识（如下图）。

　　这只是人类的科学幻想的一种；而现实中的例子如著名的英国科学家霍金，全身肌肉失能，但可以通过思维控制计算机和机械电子设备代其发声。在一定的技术条件下，人脑可以脱离其他人体的生物器官独立存在，通过外部营养供给，如同试管婴儿一般生存于人造环境中并维持思维能力。这样一来，人体的躯干和四肢就不再局限于当前的样子，而是根据不同的需求可以制造为各种形态，满足装配不同的外部设备的需求。人脑与躯体分离，但接口标准化、功能化、可选择，人类大大突破了肉身的局限性。

　　这个情形下，人类的大脑仍然具有"唯一性"，不可被替代，但已经在两个层面上可以实现所有体验：一是大部分肉体的不复存在使得人类可以参与很多以前不能或无法参与的活动，直接经验范畴大为扩展；二是信息传播的编码和译码过程简化，任何体验可以通过自身的感应器获得（直接经验），或者通过数据库以电子信息的方式获得（间接经验）。但与传统意义的通过文字、语言、声音、图像等传递的模糊的"间接经验"不同，这种经验由于是从虚拟化个体的大脑通过人机接口直接通往另一个大脑，其体验是"复制"的过程，是 100% 与直接经验相同。而且与第一阶段相比，其虚拟化由于具有统一接口，虚拟个体之间的网络化程度得到提高，个体之间的信息交换极为迅捷。思维、知识与经验的传递在瞬间即可完成、传播范围无远弗届。这种瞬间的信息传递与目前的网络电子信息传递的本质区别在于，传播者的经验、知识和思想是直达受传者的大脑，在瞬间成为另一个个体的经验、知识、思想，而不需要受传者进行解读（是否获得这种传递信息的权限，应该说决定权在于受传者，这里只是说明这种技术的特性）。这种技术虽然存在一定的危险性，但其带来的人类知识、经验、思想和价值观的积累和扩散速度和程度将是空前的。

在这个阶段，人类的虚拟化生存体现为虚拟和现实的交融。过去很多无法实现的生存方式，通过摆脱大部分肉体，可以直接体验；也可以通过获取他人体验数据的方式来间接体验，而且这种间接体验和直接体验是一模一样的复制体验。虚拟体验作为人类不必经历而通过设备而获得的体验，是虚拟生存的阶段性特点，但还不是终点。由于大脑尚未被模拟替换，人类可进行的生存方式体验还存在一定限制；况且机械本身相对于生物体来说虽然是不易耗损、更坚固、可更新换代，但在物理上也仍具有极限，只是这种局限性相对于生物体而言大大减少而已，还不能达到永生的境界，这种永生是需要不断更新、替换消耗物质基础的，而且大脑的生物寿命是否能通过外部支持永久生存，也是一个疑问。总之，此阶段是一个中间阶段。

虚拟体验可以是对真实世界的体验，也可以是对虚拟世界的体验。在前者而言，指的是体验的电子化复制，传播而不需人亲身经历；对后者，则是人类在自身创建的虚拟世界中进行的体验。在这个阶段，通过人体生物特征的大部分改变，人类可以大大扩展对真实世界的虚拟体验，但对于人类创建虚拟世界，实现后者这种虚拟体验而言，还不具备质的飞跃。因为，虚拟世界从技术上是通过电子化、信息化、程序化来模拟一个环境，在虚拟生存的第一阶段主要通过人脑的创造性思维运作之下、通过程序编写的手段来实现，在此阶段，人脑并未能实现质的突破，未能突破自身的生物特征和生理特征，未能超越肉体人脑的限制，在这个条件下创建虚拟世界的物质基础仍然是人类大脑，与第一阶段相同，无本质区别。

人类的现实生存和虚拟化生存仍然可以区分，但二者融合的部分大大扩展，虚拟世界在一定程度上已经是现实生活的重要部分，甚至是主要部分。这其中主要是对真实世界的体验的传播和复制。如果把对真实世界的体验视为信息，信息的数据化和电子化视为一个编码过程，那么通过电子手段接收这个电子数据则属于译码过程。这种体验虽然可以 100% 与原生体验相同，但其仍然是"非真实经历"的，是虚拟的。例如一个高山极限滑雪运动员从陡峭的雪山上飞速滑降，这个体验的来源包括重力作用、风速、风声、紧张感等一系列外部及内部客观因素，这些因素有的可以被人觉察，有的则是生理性的、微观的事物，如大脑分泌的化学物质等等。这些刺激来源因素，如果通过虚拟世界去模拟，未必能达到100%还原度。但如果不考虑这些刺激来源因素，仅考虑大脑生理层面的反应即人的体验感觉，则可以简略地重现特定的大脑状态，通过使用某种化学、电子、生理手段刺激大脑的特定区域，将这种体验的感觉本身作为数据进行描述，再输出为数据，则可以100%复制这个运动员的真实体验。这种情况下，要获得某种体验，只需要指定输入特定的数据包即可直接刺激输入者的大脑来还原这一刺激场景。这种情形，不是人类在虚拟世界中的虚拟体验，而是对于真实世界的虚拟体验。

在这个阶段，人类生物性的地位被降低，从而使人类的经济、生产等物质活动发生巨大变化，人类对物化生活的需要由追求物质享受变为追求物质安全，同时维持部分未机械化的器官的部分基本生物特性；人类的生存需求发生变化，以马斯洛的需要层次论来解释，精神层面的需求大大提升。但是与最终阶段不同的是，大脑仍然存在老化和寿命的问题，而且由于大脑的思维和意识无法复制到机械设备或其他生物体，其唯一性和不可替代性仍然存在。因此，这个阶段只是一个中间阶段，还不是人类发展的最终阶段。如果技术无法突破，则人类在真正意义上的"永生"是不可能实现的。

第三个阶段是虚拟化生存阶段。这个阶段的物质基础和技术基础前提是大脑的完全可替代化①，也即思维和意识的可移动、可转移、可复制化——二者为不同视角下的同一实质。当思维和意识、感觉和情绪可以 100% 转移，不再固定依附于某一特定物体——也就是大脑和其他电脑化和智能化的设备上，思维和意识寄存之体可以被取而代之时，人类的虚拟化生存阶段才真正到来。虚拟体验设备从肉体的辅助装置变为取代人类肉身的容器，"内外合一"，人类的形态也将实现多元化，无法从外观区分人类，而仅能以人类的意识和思维为标志。

结合前述阶段的全身其他部位机械化、电子化、智能化甚至无形化这个情形，理论上人类可以随心所欲地更换自身意识和思维所寄存的物体，人类的思维、意识和情绪、情感、记忆包括原有的互动机制，全部可转换成为电子化的信息数据，而且由于机械化和电子化，人类的计算能力大大提升，这就意味着人类可以在自己的存储空间内创建虚拟世界，并允许他人的读取、进入和信息互动，这就构成了无数的虚拟但又存在着真实人类互动的社区（这时候的人类物质形态已经消弭，这种消弭不是物质的灭失，却是物质对思维的束缚的消失，人类可以自由更换物质本体，也不需要物质本体的直接经验来提供感觉和体验，但需要物质提供的辅助计算能力），这个社区的规则由其创造者制定，其背后的本质是计算机编程，但这种编程水平已经随着人类脑力的机械化

---

① 替代体可以是智能化的机械电子脑，也可能是其他生物脑。

和智能化得到极大提升，这也意味着这个社区或小型虚拟世界的真实性大大提高，因为其体验是通过数据包的方式获得、传递和学习的（见虚拟体验第二阶段），是可以 100% 复制和共享的[①]。

由于实现这一切的技术基础是大脑的可替代化，大脑作为人类最复杂的器官，其机能是否可以被 100% 复制和替代；即使可以，这个阶段要多久，仍需要技术的发展去考证。但在其他器官和躯体可替换已经成为现实的今天，将这种"最终状态"对人类的社会生活重大影响加以考虑并不突兀，也正是本文的主要目标。此处仅仅是描述人类最终实现虚拟化生存的技术原理和图景，这种图景是随着科学技术的进步必将出现的，或者说是无限趋近的。

虚拟世界的实在性是无可置疑的，因为它符合现实世界的每一个特征，也具备现实世界所不具备的空间和可能，一切仅取决于创造者的想象力和创造力。唯一需要担心的是正如今天存在的互联网站一样，真正具有大批量用户、有意义的网站并不多，许多网站只是信息孤岛——这些虚拟世界是否具有访问和虚拟生存

---

①　计算机编程领域的开源工程是在非盈利、非特定开发者框架下，人类自发的集合工程，如计算机操作系统Linux，没有任何组织机构牵头——"去中心化"、参与其中的开发者没有报酬，只是遵循开源的基本原则：公开、共享、非盈利，通过全世界无数开发者不断的改进和积累，到今天基于Linux的系统成了全球最广泛使用的电脑和手机操作系统。这说明人类虚拟世界的建设也很可能是这一种"自发集合工程"模式，不断积累而成——其内在驱动力并非物质——因为所有参与其中的人群无法获得物质利益。精神动力作为人类自发参与的一种内源性特征在此得到印证。

的价值？此外，如此多的虚拟世界一旦互联，必然会有某种通用规律，包括伦理的，经济的，文化的规律，使其变为一个集大成的虚拟世界，其管理和可控性如何，也是一个庞大的问题。

但人类仍然有得选择。人类可以选择将现实生存和虚拟生存融为一体，也可以选择仍然将现实生活作为主要的生存方式。在前者的状态下，"现实即虚拟"完全实现，人类可以创造出无数的非物质世界，但是，这个非物质世界成为人类活动的主要场所，即"新世界"，与之前人类创建却无主要的人类活动的世界有着本质区别。人类就是这个新世界的"造物主"，不论在真实世界或虚拟世界中都可以获得永生。这种永生是基于全身机械化、相对于当前人类科技水平而言的生命的极大延长。理论上说，只要保持机械零部件的更新换代和机械化大脑的存储，就可以实现无限的生命。虽然这个永生仍然没有脱离物质基础，需要生产活动去支撑和维护，这种生产活动的性质已经极度简化。

总之：巨大笨重——轻质——内置——内外合一；人体部分取代——人体大部分取代——人体全部取代；虚拟体验——虚拟生活——虚拟生存；这是虚拟装置和虚拟生存的必然历史发展阶段，当前我们已经处于轻质虚拟装置的大规模民用产业化的初级阶段。有关新闻层出不穷，随手可得。微软、苹果、诺基亚、高通等科技软硬件巨头纷纷制定了虚拟现实发展战略，招兵买马、跑马圈地，"微软斥资 1.5 亿美元 进军虚拟现实技术""AOL 花44 亿美元打造虚拟现实直播室""苹果加速布局虚拟现实领域""诺基亚 2 亿美元收购可穿戴设备厂商 Withings""迪士尼发力虚拟现实动画片""高盛预测：十年内虚拟现实市场规模将达 800 亿美元"……所谓"暴风雨前夜"，虚拟现实潜流暗涌。

英国生物学家朱利安·赫胥黎（Julian Huxley）1957 年创造了"超人类主义"（transhumanism）一词。他解释说，人类生物可以超越自身（如果他们愿意的话）；这一行为不是偶发零星的，而是不同的个体用不同的方式来实现——但在实质上他们仍为人类。（The human species can, if it wishes, transcend itself — not just sporadically, an individual here in one way, an individual there in another way, but in its entirety, as humanity.）[①]。虚拟现实在某种意义上就是为文明打开了这样一个"超人类化"的大门——因为通过虚拟生存，我们已经超越了自身。

虚拟生存的本质是一种数字化生存。"数字化生存"虽然不是一个新名词，但当我们结合科技发展的速度和方向来看，这种生存的可想象空间远超当前人类的想象水平。虚拟并非简单意义上的"肉眼不可及"，而是"非物质，意义性"的复杂存在，只不过这种存在依赖于物质基础"容器"。现实世界的物质由原子、分子等粒子构成，虽然少量的粒子人类肉眼不可见，但其仍然可以用度量衡如纳米、埃等测量。然而虚拟世界不由粒子构成，而由信息和数据构成，它也不同于物质概念，无法用度量衡表示其

---

① http://en.wikipedia.org/wiki/Transhumanism.

形状大小，只能用字节比特来衡量其信息容量的大小。但这种虚拟世界由于具有了世界运转的基本物理法则和经济、社会、文化法则，而且可以反作用于现实世界，故而人类可以通过虚拟生存来直接实现现实生存——更何况虚拟生存的想象性空间比现实空间丰富亿万倍。

我们也可以这样"简单粗暴"地看虚拟生存：数字化生活在我们现实生活中占据的比例越来越大，最终我们的生活变成了纯数字化生活。虚拟世界所占现实世界的比例是不断扩大的。"信息爆炸"是一种描述信息生活占据人类生活的比例出现几何级增长的话语表达，其根本原因便是数字化生存的快速发展。虚拟世界的大小，等于信息总量占人类生活的比例，虚拟世界是一个由信息构筑而成的世界，其特征是无形、仅由信息和意义构成。其反面即为人类的肉体生活，代表了人类无法脱离实质物化的部分，生物特征注定人类无法脱离其维持生存所必需的能量和物质，同时受到生物新陈代谢和寿命有限的制约，因此，虚拟化生存的关键，便是肉身是否能为机械所全部取代。

从另一个角度看，生物如果可以永生，是否具备虚拟世界特征？回答：否。虽然生物学的发展也赋予了未来人类永生的可能性。但单一的永生生物体也好，全人类的生物性永生也罢，都是现实社会的一种变革，并没有创建出区隔于现实社会的空间，人类在生物性永生的基础上所创建的或所变革的仍然是现实社会的一部分。

　　仅仅具有永生特征，并不足以支持虚拟世界的概念。永生是一个必备因素，而不是充分条件。虚拟化生存的第二个必须条件是人类可以创造世界，这个世界并不是我们生物性大脑中的幻想空间，而是真实存在的、可以与他人进行互动的、有重要意义的世界，其与现实世界的唯一不同之处是"无形"。

Virtual Reality

虚拟现实

生活方式
——分裂的人和派系

社会学的一个核心概念就是"分层"或"阶级"，将人按照不同的标签分为不同属性的群体。群体之间有时候会有价值观冲突。面对虚拟现实这样一种正在迅速到来的技术，其改变人类社会生活的力度是不可想象的，却是触手可及的。虚拟现实技术必然会使一部分人沉迷，使另一部分人避之不及；一些人将其视为未来的生活方式，另一些人可能将其视为对传统人类情感的背叛。在这种背景下，必然产生社会的分裂和价值观的对立。虚拟技术对人的分割、对人类社会的分层都有巨大冲击，这种技术冲击影响现实社会的例子在历史上比比皆是，例如今天一些年轻人对手机和移动互联网、网络社交媒体的沉溺，忽视身边家人，激起了老年人对手机的反感。类似新闻屡见报端："全家只顾玩手机忽略探亲老母 对方一气之下走人""家庭聚餐儿孙全在玩手机 老人怒而摔盆离席"等等。这只是一些细碎的例子，更大一点的包括发起对电子产品、社交媒体的反抗运动，等等，无一不预示着新媒体和技术革命下生活方式的改变给人们带来的冲突。但虚拟现实更为甚者。这种分裂不仅限于小的社群，甚至有可能导致整个社会的整体割裂。虚拟生存之下的人类社会，其呈现出的现象和规律值得我们预先描绘并做好准备。

虚拟即真实

所谓虚拟即真实，是指虚拟生活占据了人类生活的主要内容。虚拟世界基于现实世界的物质基础发生、发展起来，却提供了比现实世界丰富得多的非现实的娱乐体验，又可以在工作上直接作用于现实世界以维持这种非现实体验。人类在现实世界生存和生活的动力似乎被极端削弱了。

为说明这种现象，让我们设想一个初级虚拟体验阶段中的人、一个有完整的人类肉体的程序员的一天行程表为例来检视：

7：00—8：00 在现实世界中进行洗漱和早餐后，加载了在新西兰罗托鲁阿火山温泉泡澡，享受毛利按摩和泥浴，品尝当地美食的体验。

8：00—9：00 通过虚拟设备与 1920 年代的著名美国网球运动员比利·泰登进行了一场友谊比赛，当然，以惨败告终。但达到了锻炼目的。

9：00—10：00 "健康监控"：检查自身容器各部件状态，获取最新的容器款式和功能信息，维护容器运行。

10：00—12：00 在虚拟世界中从事影响现实世界的工作，内容是为现实世界中某铁矿山的自动管理程序除错，这个矿山出产的铁矿石大部分用于虚拟生存容器供应，得益于虚拟世界中的自动化、联网协作、模糊智能分析等技术，工作很快完成。

12：00—13：00 午休，在现实世界中补充食物。

13：00—18：00 继续在虚拟世界中从事影响现实世界的工作，包括修理容器等。

18：00—22：00 与友人共享虚拟世界最新的信息和娱乐后，一起与联网的其他用户在魔幻现实大陆中进行魔法对抗，在银河系人马座模拟特种部队进行星际攻防战斗，其间在一次跳跃中不慎扭伤了脚踝，提前退出虚拟世界，上床休息。

下面是一个第二阶段虚拟体验中的人，一个已将除大脑之外其他部分代替后的政府房地产管理局公务员的一天：

7：00—8：00 起床，以数据库中的古典音乐放松大脑——不需要听音乐，只需要以电子手段刺激脑部产生生化反应，直接获得听音乐后的放松感。

8：00—9：00 由于取代了大部分躯体，体育锻炼已无必要。但要通过生物手段使大脑获取充足的营养、检查并保养容器机械电子部分、保障联网权限等，这一切都是维持生命运转所必需。

9：00—10：00 接入房地产管理网络，开始工作。虚拟世界中房地产的意义在于放置容器的成本，以及对容器安全进行管理。过去的普通住宅已无存在必要；而享受性的住豪宅的体验已可随时下载，不需要通过真正的豪宅来获得。

10：00—12：00在虚拟世界中从事影响现实世界的工作，内容是为现实世界中某容器保管地点办理竞标后相关手续，主要是监督场地的清理、三通一平等现实条件落实。

12：00—13：00午休，继续放松大脑，这次的体验是在乞力马扎罗山脉上喝下午茶，温度设定为夏季24摄氏度。

13：00—18：00会议。内容是所辖容器放置区的安全状况信息交换及一些管理措施和监控措施的整改。对近期地理灾害的预警和防范。

18：00—22：00与生物学意义的家人们联系，回忆躯干被取代前的一些共度时光。对各自大脑的健康状况致以问候；对维持大脑生存和机械体容器生存的经济状况进行交流。

在这两个例子里，通过附加的虚拟体验活动装置，人类获得了远远超过现实世界所能提供的体验，这种体验有的是现实世界中存在但自己由于时间、金钱、地理、生理等原因无法体验的（毛利按摩）；有的是现实世界中不存在，但依托于虚拟世界的体验（魔法大陆）。不管如何，这种体验几乎是无穷无尽的。它与电子游戏所构筑的纯娱乐的想象世界有密不可分的关系，但又超出了电子游戏的理念和范畴，是一种对现实世界的全面拟真，是对想象世界的全方位、全角度体验。另一方面，由于人类生存形态的改变，对现实的经济和社会生活也造成了完全的颠覆。但通过虚拟现实环境来发出指令，使用机械设备、智能化和遥控技术，人类仍然可以改变现实世界。因为人类的物质基础虽然不是生物体，但仍然必须依附于特定的物体上，这一物体的本身维护和运转，构成了社会的经济和生产中心。现实世界也可以影响虚拟世界，例如天气、自然灾害对现实虚拟装置的影响；两个世界互相影响、互相作用。但人类的主要活动已经逐渐过渡到虚拟世界为主当中。

虚拟现实生活与电子游戏、毒品等使人沉迷的事物具有类似之处，但主流价值观对电子游戏和毒品的反对并不是对娱乐本身的反对，而是对沉迷的反对。沉迷导致对现实的忽视，正如前述沉迷玩手机惹怒他人的例子一样。沉迷带来了反社会特征，沉迷导致现实行动力的丧失，例如沉迷电子游戏不愿意学习的孩子、沉迷于毒品而无法从事任何劳动生产、无法从事有意义活动的吸毒者等等。但虚拟世界与所有这些历史事物的本质不同是：我们可以在虚拟世界里获得前所未有的娱乐和体验，又不必退出这个虚拟世界就可以劳动、就可以作用和改变于现实世界，我们联通、融合了以往的"沉迷"和"现实"的界限——而且这是必须的——为了维持虚拟世界的生存物质基础。个体的虚拟生存需要物质基础，物质基础需要劳动或交换获得，这点不会改变。唯劳动的形态、方式发生变化。在机器人工业、人工智能的发展完善之下，体力劳动变得不再占据主要地位，人类以思维这一无可替代的本领发挥着本能，主要在计算、分析、哲学、情感等领域交换劳动力资源。

人类形态的变化

如前所述，人类随着科技发展水平，不断地替换自身——这种替换一开始是被迫的，原因在于部分肢体的功能丧失；逐渐过度为自愿的替换，这种自愿则出自对自身的某种强化或便利化。在达到一定的技术条件后，必然会出现人类对自身大部分器官的机械化或无器官的纯粹的大脑生存。同时也包括一些追求永生的人，尝试实现肉体取代和记忆、思维的转移。这必然导致人类概念的变化。人类的外部形态或者说外形将不复存在，而是以复杂的数据和信息的形式表现——即"虚拟化"（这种可能性的唯一障碍是大脑的无法数据化、电子计算机无法达到人脑的运算水平——但这是违反物理原则的——无法数据化、量化的物质现在尚未出现，哪怕它是一个天量的数据）。换一个角度说，人类的外部形态可以以商品化设备的方式按需配置，只要具备负担得起的成本，人类个体便可以在多种功能的不同外形中进行选择。"虚拟化"并不违反唯物主义，被虚拟化的个体仍然必须附着在某一特定计算机和存储器以及可选的外部机械设备上。考虑到人类的思维和感情能力实质上也是附着在生物大脑上的电波和化学反应，这种类比应该是合情合理的。

1. 成本与意愿：虚拟世界的两道坎

从人类历史来看，任何科技成果的应用，都有从少数到多数

39

的扩散过程，虚拟现实也不会例外。影响其普及率和普及速度的一个重要因素就是技术的成本，由于人的经济分层和技术的不断变革，一个技术产品可能直至消亡也有未普及到的人群。例如蓝光 dvd，作为一种高清的视频光盘，直到其被其他格式取代，也不会继续向下普及。任何技术设备早期的价格都是最具有消费能力的少数人才能承担，直到这部分成本逐步摊薄，产业链回收成本、价格进一步降低后，才能为普通大众所消费。因此，虚拟现实的环境初始化需要一个相当长的过程。一方面是硬件的普及，另一方面是软件开发环境的完善，有足够多的开发者为其开发，最后是使用者的付费。作为一个"最后的媒体"，其信息传播的规律必然有极大的不同，其产业链如何形成互动生态圈，尚待研究。此外，虚拟现实的社交化体验需要大量的联网用户才能形成，否则就只能是单纯的感官刺激而已。这些经济和时间成本需要逐步沉淀。

虚拟化生存，如同人类历史上的任何一种变革，总会有人赞成，有人反对。同样，个人意愿和价值观也直接影响对虚拟生存与否的选择。即使成本的障碍消失，出于个人价值观、宗教、家庭、社群等的障碍也可能存在。可以预见必然有部分人无论如何不会选择虚拟化生存方式。即使这种生存方式并不是人类被机器控制，而是部分人类的主动选择。

成本的降低、个体认同，这将是虚拟世界建立的两道坎。这两个障碍的突破，是虚拟世界存在于人类社会的前提。其中成本的降低是必然可以预期的；但个体认同存在的变数就复杂一些。

毕竟在历史上个人身体替换的原因大多数是肢体的意外残缺或器官的衰竭无法治疗，只能通过取代的方式来维持生存。那么，一个健康人能否自愿放弃自身肉体变为虚拟生存呢？这其中的得失衡量涉及多个层次和角度。

2. 技术上的关键一步：大脑能否被机器完全模拟

要实现完全的虚拟化生存，核心一步是大脑可以被完全地为机器所模仿和复制，也就是人工智能与人类智能之间的鸿沟是否能最终抹平。1950年，"计算机之父""人工智能之父"、现代计算技术奠基人、英国科学家图灵的划时代之作——《机器能思考吗？》提出了人工智能的概念，为人类对自身和世界之间关系的研究开辟了一个空前的领域。人工智能是否能完全模拟人类大脑，发展为独立的、可学习、可自我发展的智能存在，直到今天，科学界尚存争议。要明白人工智能的发展，首先要知道对"智能"定义所设定的标准——最著名也是最具争议性的"图灵测试"[①]。2014年6月，英国《卫报》报道，雷丁大学的研究者们所开发的一个模拟13岁男孩的电脑程序在人类历史上首次通过了"图灵测试"[②]，这是人工智能领域的一个里程碑式的事件。从提出"智能"概念标准，到今天首次通过这一标准，足足经历了64年。可见，

---

　　① 图灵于1950年设计的一个测试，其内容是，如果电脑能在5分钟内回答由人类测试者提出的一系列问题，且其超过30%的回答让人类测试者误认为是人类所答，则电脑通过测试。这是用于定义"智能"的一个基础测试。

　　② 据文章报道，此前其他声称所谓通过图灵测试的研究，都是提前设定了程序回答的方向和范围或从数据库中抽取问题，因此并不标准。

人工智能的发展并不是一帆风顺的。

曾获美国国家最高科技奖的电脑科学家、谷歌技术总监雷·科兹威尔认为，2020 年，人类将成功通过逆向工程制造出人脑。2030 年末，计算机智能将赶上人类。2045 年，人工智能会掌管全球科技发展。此后，人工智能的摩尔定律被打破，科技将呈现爆炸式发展。人类文明已经被人工智能所掌握，2045 年以后已经无法预测了。他认为，人工智能并非外部的东西，而是我们脑部的精神延伸，是我们自己创造的，是我们自身的一部分，未来我们人类文明将更多的由我们的非生物部分所决定。2014 年 5 月，著名物理学家霍金称人工智能或将威胁人类生存；他说"如果进一步向前看，技术几乎是没有极限的"、"物理学上并没有定律来限制粒子的排布方式，使其无法达到较之人脑更加高级的方式"[①]。

霍金还于 2015 年 1 月与多位物理、智能机械研究领域的专业人士发表了公开信，号召警惕人工智能的风险，应设定规则使人工智能系统按照人们设定的方式和要求工作。

极富争议色彩的企业家、工程师马斯克也于 2014 年 10 月份声称，人工智能为"人类生存的最大威胁"。马斯克呼吁对人工智能加强监管[②]。

对人工智能抱有警惕心理的还有比尔·盖茨，2015 年 1 月

---

① 晨风：《霍金称人工智能或将威胁人类生存》，http://tech.sina.com.cn/d/2014−05−05/08549359010.shtml，2014−05−05。

② 风帆：《马斯克称人工智能是人类生存最大威胁》，http://tech.qq.com/a/20141025/016396.htm，2014−10−25。

29 日，他在一次公开对话中说："我属于对人工智能担忧的一派。……人工智能发展愈加智慧之后，那隐患也来了。我同马斯克一样对人工智能有所担忧，我不明白其他人为何不这么想。"[1]

我国科学家们对人工智能的极限也有不少讨论。如冯瑞本、张卫东认为，存在于人脑与计算机之间的鸿沟终将被人类逾越[2]。杨伟国、吴俊豪、岑宝兰等人则认为，人工智能和人类智慧之间存在着至少三大鸿沟无法逾越[3]。总之人们对此尚存一定争议。但从人类发展的历史来看，遵循着从部分到整体，从简单到复杂的规律，人类逐步走向全部智能化永生应该是可以实现的。

社会的分裂——《分歧者》

"我是要做分歧者。我相信大多数的人都是分歧者。即使你表现得无私或者无畏或者诚实或者友好，你的内心深处也必然有更多的自己，被无意或者刻意地掩盖着。是屈从于现实，一直掩盖下去？还是展现人前，让自己身处险境？没有答案。因为选择，尤其是对于人生的选择，无所谓对与错。只是，当有那么一天，面对自己内心的喝问时，你是否会因为没有发出一个与安稳

---

[1] 露天·盖茨：《羡慕小扎说中文 我太笨只会说英语》，http://www.techweb.com.cn/world/2015-01-29/2120662.shtml，2015-01-29。

[2] 冯瑞本、张卫东："从人脑到计算机——鸿沟能否逾越"，载于《心理科学》，1997（03），第222页。

[3] 杨伟国、吴俊豪、岑宝兰："从信息视野初探人工智能与意识的鸿沟"，载于《中国科协年会》，2006。

世界相反的、却是真正自己渴望的声音而后悔？"——以上发人深省的佳句来源于 2011 年美国 22 岁大学生作家维罗尼卡·罗斯（Veronica Roth）的一本青少年科幻著作《分歧者》。这本书登上了《纽约时报》畅销书排行榜，引起了围观。她本人也因此成为美国青春文学界当仁不让的领军人物。很快此书被好莱坞拍摄为电影《分歧者：异类觉醒》，传播更广。此书的世界观颇为独特：未来人类分为五个严格区别的派别：无私、无畏、诚实、友好、博学，充满着强烈的隐喻色彩。这五个派别中，无畏派相当于军队、警察，崇尚勇敢，不知畏惧；博学派是科技先锋，无所不知，追求新知；诚实派追求忠诚和秩序，厌恶谎言；无私派生活简单，无私帮助他人；友好派热爱和平，尽全力避免冲突。五大派系不仅仅理念不同，还各自有着不同的组织结构、服装饮食、生活习惯、经济来源和生产方式，在五个派别一片和平的表象下，隐藏着各种暗流和斗争。

应该说，这本书的火爆与流行文化有很大关系。所谓"分久必合，合久必分"，人们对社会状态和自我意识的好奇心也无非如此。在互联网导致的草根化、多元化、去中心化的今天，人们的归属感似乎又成了一种稀缺的东西。与革命时期万众一心、服装整饬、行为相似的时代相比，今天的人类又变得无依无靠，似乎总要寻找一些莫名的集体意志，或在文学作品、电影中追寻与自己心灵暗合的那一群属，或在网络社区上自我归类为各种各样的标签，群体之间互相嘲讽、攻击，以获得某种释放和非孤立的自我体验。"阶级""阶层"和略为通俗的"派别"，都是人类社会分裂的表征。网络社会的多元化，与互联网技术的发展互为表里。在上世纪末即互联网出现以前，人类的各种组织机构的完善和规模达到了历史顶峰，世界划分为两大阵营，即社会主义和资本主义。这种意识形态的冲突也是人的分裂的顶峰。这之后，互联网技术的出现和人寻求改变的意志又推动人类社会向另一个极端发展，如此循环往复，永不停息。人不断向前的好奇心是一个常量，而技术的革命是一个变量，如虚拟现实带来的虚拟化生存，以及这个生存之下的信息传播。

虚拟化生存给人类带来的最大分裂，莫过于经济、技术和价值观造成的人的分裂。

经济的分裂：在虚拟化生存的初期，由于虚拟化生存设备需要大量的资金，虽然虚拟化设备作为一种消费品普遍可购买，但经济的差异仍然造成了虚拟化生存的先后早晚。有支付能力的人早一步体验着虚拟生存，支付着虚拟世界中各类服务的价格，客观上也在为虚拟化生存的环境进一步完善、开发成本降低做出了贡献。这种情况下虚拟化设备只是一种奢侈品，不可能大范围普及。在虚拟化生存的成熟期，虚拟化生存的经济成本大大降低，类似于今天的个人电脑，有了丰富的规格和高低不同的档次和价格。普通的中产阶级大量进入虚拟世界，这时的虚拟世界用户规模类似于今天的互联网，大部分人有能力进入到虚拟生活，虚拟空间之间的联系也更为紧密，与人类现实社会的相似性进一步提升。但是，由于虚拟生活也需要成本——虚拟世界的开发和运行是需要资源支撑的，即使大量用户进入了虚拟世界，基于他们在现实世界中的经济和资源差异，导致着虚拟世界中的人群的分裂。虚拟设备是硬件，虚拟世界是软件。不同的软件构成不同的环境。如同当今的互联网应用一样，有大量的免费软件，也有大量的收费软件。收费软件的体验一般而言比免费软件好得多。但收费软件的用户远远少于免费软件。这都是由于经济差异带来的人的生活方式的差异。在现实生活中，这种软件差异仅仅局限于电脑内、屏幕前，不太为他人所意识到，是一种私人化的特征；而虚拟生活中，这种软件的差异就体现为公共生活的差异，存在鲜明的外在表现，直接为他人所感知。在不同的虚拟世界中，将形成等级差距分明的圈子。好莱坞电影《大都市》（2012 年）中体现了这样一个城市：这个城市中各个区域之间有着极为严密的区隔，城市的中心区域为富人区，繁华、未来感十足；从市中心往外行走，每进入一个分区，需要经过一个关卡，而城市的面貌则不断下降。中心城区的人可以自由出入各个区隔，而其他城区的人只能向下一分区流动，不能突破到上一分区。《极乐空间》（2013 年）描述的则是 2154 年，世界上有两种人类存在：富有的人和穷人；富人已经逃离了地球，生活在一个巨大的无污染的称为"极乐空间"的近地人造卫星，上面富足、美丽、奢华；而余下的穷人则只能在破败荒废的地球上苟延残喘。穷人们想方设法偷渡往"极乐空间"。有意思的是，这两部电影都反映出人类对于未来人类

46

经济差异导致的社会分裂的终极设想。

虚拟世界的经济分裂和对立，基本上也是现实生活中经济分裂和对立的表现。区别在于虚拟世界中这种表现可能更为公开化。虚拟生存之下的经济差异，体现在所进入的虚拟世界的门槛不同，或者在同一虚拟世界内的等级差异。如前所述，虚拟世界的构筑需要一定的资源，免费的虚拟世界的虚拟体验有限或带有很大限制（如广告骚扰）。体验更好的虚拟世界必然需要更高的价格去支付。因此，不同的虚拟世界之间形成了有严格界限的区隔，这种区隔的根本原因是经济——正如前面提到的两部电影的世界观一样。此外，即使在同一虚拟世界中，由于仍然存在经济差异，人们享受到的虚拟化生存服务仍然不会是一碗水端平的。这种经济上的差异导致了不同虚拟社会之间的对立和矛盾。

在不同的虚拟世界或不同的虚拟生存状态之间，有与现实世界相类似的社会心理：

嫉妒、愤怒 vs 蔑视、嘲笑。即"仇富"和"恶贫"的对立。这与现实生活中类似。较差的虚拟生存者对远高于其的富有虚拟生存者极为厌恶，对他们的炫富等生活方式不屑一顾；而富有者也对贫穷者抱有轻蔑和嘲笑。

谄媚、热切 vs 冷漠、自足。也有巴结富有阶层、希望从中获得某种好处的现实主义者；富有阶层可能对此无任何感情，也可能在其中得到一些受人瞩目的自我满足。

理性、中立、平等。这可能是较为理想的心理模式。双方对对方都保持理性的距离，既不贬低对方，也能自我尊重，双方持有一种互相包容、理解、平和的心态。

自贬 vs 同情。这种心态在现实生活中最好的例子就是乞丐和路人。但由于在虚拟生活中不存在经济和物质的困难（具备长期维持虚拟生活所需要的物质是虚拟生活的门槛），这类心理互动的情况可能不会很多。

价值观的对立：虚拟生存通过最大限度地降低肉体对生命的影响使人类获得了永生。这种永生是一种相对于有限的生物体寿命的永生，必须依赖于一定的机器和人工智能"容器"，作为人类存储其记忆、感情、思维和运算分析能力的物质基础。理论上，虚拟生存的寿命必然可以通过不断更新替换"零部件"的方式来维持运转下去，也即人类思维意识的延续（只有经济原因、自然灾害等不可抗力及本人意愿才能阻止生命的延续）。从这层意义上讲，虚拟生存者的肉体和精神是割裂的。这种生存方式，给予人们价值观的最大冲击是"人不再是人"。通俗意义上人的概念是基于其生物特征而言的——躯干、四肢、头颅、面容和行为举止，对他人的沟通方式和反馈模式，这些个体的不同，使我们把人的生物性特征与人的独特性和本质性无形产生了默认的联结，我们很难想象和一个保持有人的意识而外在却是稀奇古怪的机器形状的"人"进行深层次的感情上的沟通交流。这是一种极具冲击性的感受，会使现在仍然具备肉体实在的我们，对自身的存在产生深深的疑惑。如果这个形态也可以是人，那么人的核心概念是什

么？如果仅仅以意识为"人"的标准，那么人工智能能 100% 模
拟人类并进行学习、发展自身独特的逻辑和感情的时候，人类就
成了创造生命的造物主。前述提到一些有识之士对人工智能的担
忧，就是对人工智能的思维逻辑的担忧——它有可能将人类作为
负面因素进行排除。对人的概念的思索，以及对这种颠覆性的畏
惧，将导致社会对虚拟生存的伦理、法理、宗教观点产生诸多争论，
甚至对立。反对虚拟生存的人们，会将其视为反人类的生存方式
而加以抵制。伦理上它消弭了辈分的界限，生殖的概念变成了对
人工智能的设计和编程，生物性的人类繁衍被取代，缺乏生物特
征的人类难以从年龄、性别区分，道德的重要界限之一——肉体
被消除，将引发一系列的社会问题；法理上他改变了很多立法的
技术基础。例如现代《婚姻法》是禁止三代以内血亲近亲结婚的，
如表兄妹，其主要目的是为了防止后代的不良发育。但是在生物
性消失后，这种后代生物缺陷的可能性为 0，这就直接影响到婚
姻立法；宗教上，人类创造一个虚拟空间，而且这个虚拟世界不
是纯娱乐，而是作为生产工具，与人类世界无缝结合，人类不用"跳
出"这个虚拟世界，便可以直接干预现实，而且在其中有比现实
更为丰富的体验，加上人工智能加入到虚拟世界中，与人进行沟
通交流，实现协助人类的目的，甚至具有自我学习能力，发展出
意识，使得这个虚拟世界相当于一个以"人"为造物主创造的新
世界，这在某种意义上否定了"神"，或者将人提升到神的地位，
这显然也是冒犯了某些宗教意义的生活方式。

由于虚拟世界的拟真度和想象空间无限化，一些我们日常现实生活中不会出现的情景可以被构造出来，甚至是一些令人不快或厌恶的情景。这种情景远比"噩梦"来得真实。虚拟生存和人工智能共同构筑的虚拟世界必然会使一些人受到冒犯或惊吓，产生抵触心理。这与某种人类心理相关。拟人化程度越高的东西，越能令人感到不安。早在 1969 年，日本科学家森昌弘已发表过一篇题为《恐怖谷》的文章，提出了著名的"恐怖谷"理论。这篇文章设定了一个关于人类对机器人和非人类物体的感觉的假设。假如机器人与人类的相似程度达到一定的水平，如超过 95% 的时候，由于机器人与人类在外表、动作上都相当相似，所以人类亦会对机器人产生正面的情感；直至到了一个特定程度，他们的反应便会突然变得极之反感。哪怕机器人与人类有一点点的差别，都会显得非常显眼刺目，让整个机器人显得非常僵硬恐怖，让人有面对行尸走肉的感觉。越像人越反感恐惧，直至谷底，称之为恐怖谷。因此，人们在制造机器人时，都尽量避免"机器人"外表太过人格化，以免跌入"恐怖谷陷阱"。2015 年 1 月，百度百家 BIG 硅谷峰会上，康奈尔大学创意机器人实验室主任 Hod Lipson 谈到，在一次研究中，他发现被设计为跟踪猫狗图像的深度学习程序在经过一些训练后，突然开始自发地追踪人脸。这个发现让他毛骨悚然 ①。人类可能无法控制人工智能发展出自我意

---

① 阿土：《把自己变成机器人，你准备好了》，http://zhuxiaokun.baijia.baidu.com/article/44602，2015-02-01。

识，也即"失控"。这些例子都说明人工智能能产生令人不安和恐怖的心态，其主要原因来源于人类在进化过程中对缺陷个体如患病、畸形以及尸体等负面事物的本能排斥，以及对"似人而非人"物体的本能的受威胁之感。虚拟世界中为了拟真度，会大规模使用人工智能技术来完善这个"世界"的运行规律；同时虚拟世界环境本身由于与现实的相似度高，在某种情况下出现崩溃时，其导致的不安感也将是灾难性的。基于这种种理由，反对虚拟现实和人工智能的人必不在少数。

支持或反对虚拟生存的人之间、不同的虚拟生存者之间，重新构成了一个新的社会心理集合。不同社会心理的聚集和发展，形成不同的虚拟社区、虚拟族群，构成了新的、有别于现实社会的矛盾，社会矛盾在特定的情况下会引发社会冲突。在现实社会中，社会冲突所引起的最严重后果是肉体的毁灭，即死亡。而对于虚拟生存者而言，肉体的死亡变成了物质容器装置的毁灭，尚未涉及精神和思维部分的状态。在现实生活中，肉体和精神无法分割，肉体的死亡和精神的死亡是同时发生的；在虚拟生活中承担肉体功能的容器可以更换，因此只有当精神和思维部分没有备份（Backup）时，容器毁灭才导致这个个体的彻底消失。这是人类最终完全虚拟生活下的情景。在人类尚未实现完全的虚拟生活时，如前所述的虚拟体验阶段，死亡仍然由肉体决定。在大脑无法被取代的虚拟生存状况下，大脑的死亡表示着个体的死亡。虚拟生存中社会冲突的最大后果也是虚拟生存者的死亡。如果社会

51

对立达到严重的程度，例如战争，一个群体对另一个群体的攻击目标是毁灭其容器，并删除其备份。这就需要在物质上和信息上同时实现。相对而言，我们在信息上实现毁灭一个个体的难度要大得多，因为信息的可瞬间复制转移使其备份数量不仅可以众多，其备份物质所在的地理位置也可以远至无限，除非切断其联网性，使其孤立，否则完全"杀死"一个完全虚拟生存者是极为困难的。再加上实现了虚拟生存的人们，为了安全和可靠，一般都会事先做好各类备份，这在当今的信息世界中就已经十分常见，例如对一份电子文档，我们常常是不仅把它存在移动硬盘中，还将它存在电脑、网盘、电子邮件附件等地方，以便不时之需，更何况涉及虚拟生存的"死生大事"呢？因此，虚拟生存中冲突的目的大多数情况下并不是消灭对方的实体，而是消灭对方的思想。为达到这一步，必须入侵他人的思维即虚拟化生存的程序，以修改他人的记忆、逻辑和感情为目标，这就涉及信息安全的问题。在虚拟世界这样一个由信息构成的社会里，如何保证自我意识的独立性和安全、完整，将是一个极端重要的问题。这个问题类似于现实生活中的病毒和黑客问题，在后文再加以探讨。

政治、集权和组织传播——消散的权威

社会分层是人类社会中一个必需的功能特征，因为某些社会位置在社会系统中比其他社会位置更重要，且其因此所获得的价

值和回报都是不同的。政治是基于社会协调的需要所出现的功能化结果，由于社会分层（也可以称之为阶级），不同的阶级与阶层之间由于存在客观的价值观或经济地位上的区别，而同一社会分层之间的人群具有更多的共同利益，故不同的阶级与阶层之间可能存在着利益冲突。政治是为了协调不同阶级与阶层之间的利益冲突而出现的社会功能，是一种理性妥协和契约的结果；而国家则代表着权力，是政治的集中表现，由在这个社会中具有较大力量的社会分层来掌管，同时为了避免冲突而兼顾全社会利益对社会进行管理，管理的结果即表现为资源在不同社会分层之间的流动、分配和调整。

现实中的政治和国家的概念范畴在虚拟世界中将重新设定，其职能和机制也与现实不同。但在现实生活中，其影响力将受到影响。我们可以将现实世界和虚拟世界视为并行的两个世界，在虚拟世界中，政治和国家对虚拟社会、虚拟生存者所进行干预的动机被大大削弱了。这并不是说国家无法对虚拟生存者进行干预，而是虚拟世界中的运行机制需要国家和政治介入的程度较低，不像现实生活中那么明显。虚拟世界的硬件基础由商业机构提供，并不是由国家公共基础设施构成的。就拿今天的网络接入为例，个人消费者购买电脑硬件和宽带服务（月租）后即可接入互联网；未来的虚拟世界也与此类似，不过个人终端由电脑硬件改为虚拟设备而已。与今天相比，互联网的本质——使个人通过信息网络相连接——并未改变，这就意味着国家与政治概念在虚拟世界中对个人的控制和影响降低到很小的范围，因为国家并不需要像在现实生活中一样控制着各种公共资源，构成虚拟世界的一切只是由信息组成的集合，这种信息集合也不同于现实生活中国家通过税收和公共财政建设的基础设施，其内在机制是自治的和自发的为主。当然，在一些直接影响现实世界的信息层面，应考虑国家的介入程度与现实生活一致。但这在虚拟世界中的信息量比例不大。对于其他集权组织而言，公共事务管理的范围缩减。例如公共卫生，人们的真实社交活动减少，以及机械之间的非生物性交往，都降低了传染病发生的概率，仅在维持肉体的人类之间可能存在和发生。教育也削减了面对面传授知识的必要性，所有的知识都转化为数据逻辑和信息，分门别类，按需读入。如果有人质疑这种读入是否能达到与人类原有知识的有机结合，从而对人的理解和意识产生互动？还是只和今天的电脑一样，只是在硬盘上的简单复制存储？对此，苹果公司联合创始人史蒂夫·沃兹尼亚克于 2015 年 1 月 30 日的演讲中谈到 ①，之前他对电脑未来取代人脑的看法，在很长一段时间内并不认可，"电脑怎么可能跟人脑相比？"沃兹本身为工程学出身，后来又研究过心理学，起初他认为人的大脑比较复杂，人的感知与电脑存在很大不同，电脑只能帮助人类解决问题，并不能思考解决问题的方法，且人脑的神经元链接非常巧妙，并非电脑单纯计算能得出。但在看到电脑

---

① 百度百家：《沃兹：我认同电脑会取代人脑的观念》，http://official.baijia. baidu.com/article/44519，2015-01-31。

的数据处理技术的指数增长时，他彻底转变了电脑不能等同人脑的看法，改而认为在数据足够的情况下，未来 20 年内，电脑可能会开始尝试感知了解事物（正如前述 Hod Lipson 设计的学习程序出现的主动行为一样），电脑超过人脑是完全可能的。也即是说，教育在虚拟世界中仅仅是信息和大脑之间的输入输出过程，这种过程，在个人有需求的情况下，可以免费或通过一定价格直接购买，并在短时间内完成与自身原有知识结构的同化、而非简单的复制粘贴。这意味着教育在现实世界中的公共职能很大程度上被取代为对信息的私有化管理和规范。

公共事务范畴缩小，导致政府权限的自然削弱，取而代之的是更充分的市场竞争和商业组织管理。在现实生活中所需的资源转为虚拟生活所需资源后，生产和经济的形态也在发生变化，政府和政治对虚拟社区的管理，更多地体现在虚拟社会和现实社会之间的关系上，也即虚拟生存者与现实生存者的关系调节和管理，矛盾和冲突的化解，利益的平衡与分配。不论是现实生活还是虚拟生活，仍然会占用资源，这种资源仍然是有限的，人类社会中的竞争性不会消失，这时政治的作用继续表现，其代表的各个社会分层的本质也并未变化。但事务性的权限的消减，导致的是政治在人们生活中的重要性进一步下沉和消散。另外，全球化也导致了政治力量的弱化。虚拟世界的全球化比当今的互联网更为深入，由于技术原因，虚拟世界中的语言障碍、国界障碍将消失，跨种族、跨民族之间的交流和冲突更加多元化，与人的本质属性更为密切，与人的外部属性无关。在虚拟世界中，你无法从你遇到的人的形态上去判断他的民族、国籍等地缘政治要素，相关的冲突只可能发生于人类交往的过程中。

柏拉图在《理想国》卷 7 中有一个比喻说，终年不见阳光的洞穴内有一群头颈被束缚以致不能移动的囚徒，洞穴有一条狭长的通道可以走出。哲人，就是有幸从这条道上走出、进入光明世界、能够看到太阳的人。洞穴外的世界象征理念世界，洞穴内的囚徒却只能生活在影子世界——现象世界之中，他们靠自己的感官作出判断。哲学家则是目光盯着理念世界的人，他们掌握了真知^①。人的多样性是对主权最根本的威胁。极权支配的关键，也在于化多为一。阿伦特认为，多样性是人的基本境况之一。阿伦特用 natality 来描述"生"这一人类境况。Natality 可译为创生性，它既可以指人的出生，人来到世间这个事实，与人终有一死的"mortality"（必死性，或译为有朽性，意指人终有一死这一境况）相对，也可以在抽象的层面指人能开创新事物的事实。虚拟生存之人，有幸成为这样的一群人：他们是以其理性世界为支柱，同时摆脱了极权的支配的"哲人"。

---

① 陈伟："阿伦特与西方政治哲学传统之超越"，载于《党政研究》，2015（01）。

最后的媒介

传播学是 20 世纪二三十年代从美国发展起来的、以人类社会信息传播活动为主要研究对象的一门交叉学科。学者们分别从不同角度探索传播理论，并提出了种类繁多的传播模式，诸如以文字、图形和数学公式等表述的各种模式；运用不同的模式来解释信息传播的机制、传播的本质，提示传播过程与传播效果，预测未来传播的形势和结构等。这其中最为著名的莫过于美国学者 H・拉斯维尔（1902 — 1978）于 1948 年提出的"5W"模式，这五个 W 分别是英语中五个疑问代词的第一个字母，即：Who（谁）、Says What（说了什么）、In Which Channel（通过什么渠道）、To Whom（向谁说）、With What Effect（有什么效果）。这一模式是传播学至今的基础经典模型，它极具抽象力和代表性，涵盖了各种不同传播工具在人类之间、在人类与传播媒介之间发生互动关系的动态过程。

如果说拉斯维尔是以严格的公式化语言对传播学进行了奠基，在另一方面，对传播媒介进行了更为文学化、感性描绘、又颇得传播学本质，极大阐发了传播媒介性质、拓展了媒介属性的，是与拉斯维尔基本同一时期的加拿大传播学者麦克卢汉（1911—1980）。他提出的几个著名论点"媒介即讯息""媒介即人的延伸""地球村"不仅让人对媒介本质的思考更上一层楼；而且直到今天，他的这些理念仍颠扑不破地不断被证实其准确性和预见性。尤其是互联网所具备的特征：海量信息、瞬间即达、智能化、能通过大数据精确描述人和社会的行为等，几乎和他描述的媒介一样，似乎是只有通过麦克卢汉之口，才能形容出媒介的这些特征。他说："所谓媒介即是讯息只不过是说：任何媒介（即人的任何延伸）对个人和社会的任何影响，都是由于新的尺度产生的；我们的任何一种延伸（或曰任何一种新的技术），都要在我们的事务中引进一种新的尺度。"[①] 他认为过去我们所理解的讯息借助媒介传播这一理解方式是错误的，在他看来，媒介的形式和技术发展，才是影响人类社会发展的主要原因。媒介即讯息并非字面意义，实质是他对媒介在人类社会发展中所起作用的一种比喻。由于媒介的技术发展和变革，导致媒介这个"人的延伸"，也即人的发展和变革。人的感知和控制能力随着媒介技术的瞬时化、海量化、智能化变得越来越大，如同人的四肢和大脑无限变长、变强一样。这一理念与人类的假肢进化、器官替代等技术如出一辙。但媒介区别于具体的假肢和人造器官之本质在于，其为无形

---

① 马歇尔·麦克卢汉：《理解媒介：论人的延伸》，商务印书馆2000年版。

无质之物，在这点上更类似于人的思维和主动能力。

通常我们习惯于将媒体和讯息分离，原因很明显，一个是有形物，一个是无形物。媒介是讯息的载具，没有媒介便无法传递讯息，没有讯息媒介便无意义。我们的大众传播学也一直是这样处理这两个概念的。而麦克卢汉却颇有想象力地提出前述"媒介即讯息"的论断，而当时他所处的年代并没有互联网的概念，虚拟现实的概念也只是刚刚在理论界萌芽，可见麦克卢汉思想之前瞻和想象力的远见。当虚拟现实来临之后，媒介和讯息的一个本质上的鸿沟可被抹平——媒介和讯息都变成了无形物，因为虚拟现实中的媒介相对于现实中的媒介而言，是看得到却摸不着的，确确实实成为"讯息"本身！因只有当其在传递信息时，方才能称之为媒介；这个媒介的属性在虚拟现实中并非是基于其物化的部分，而是基于其意义的存在。那么，麦克卢汉的论断便可以从字面上去阐释，这又进一步强化了他媒介技术决定论的说服力。技术决定论是20世纪70年代以前关于技术发展的理论中最具影响力的一个流派，最早是由凡伯伦（Thorstein Veblen）于1929年在其著作《工程师与价格体系》中首次提出来的，它是技术发展理论中最具影响力的一个流派。它建立在两个重要原则基础之上：一是技术是自主的；二是技术变迁导致社会变迁。其理论分为两大类：强技术决定论和弱技术决定论。强技术决定论是一个极端的技术决定论，认为技术是决定社会发展的唯一因素，否认或低估社会对技术发展的制约因素，其代表是奥格本学派。弱技术决定论认为技术产生于社会，又反作用于社会，即技术与社会之间是相互作用和影响的，所以也被称为社会制约的技术决定论。在麦克卢汉之前，传播学研究者们对于媒介本身的研究是不重视的，对于传播内容、传播效果研究非常多，而对于传播渠道即媒介本身却几乎被忽略。麦克卢汉对此批判道："我们把重点全放在内容上，一点不重视媒介，因此我们失去了一切机会去觉察和影响新技术对人的冲击。"[1] 所以他一反传播学界的旧思路，把大众传播的媒介技术本身当作传播巨大社会影响的根源，把媒介技术及其发展看作社会变迁和文化发展的重要动力。麦克卢汉的一些观点，例如"没有收音机就不会出现希特勒"[2] 等，非常偏激。但考虑到当时学者们对媒介本身的忽视，这种矫枉过正反而能起到发人深省的效果。从这方面来说，不妨将其看作是麦克卢汉的一种学术策略。"立言"本身是困难的。若无颠覆性和冲击性，则对旧的认识和思维定式难以打破。对于技术决定论，人们认为它的错误是导致价值一元论和文化一元论。价值一元论宣称要一切价值而且许诺总有一天所有价值都可以实现；文化一元论认为文化与文化之间的差异都是历史发展阶段的差异。麦克卢汉的理论被视为媒介技术决定论，属于技术决定论的子集。但在其著作的论述中，对媒介与历史、社会、文化、政治之间的互动关

---

① 埃里克·麦克卢汉、弗兰克·秦格龙：《麦克卢汉精粹》，南京大学出版社2000年版，第374页。

② 蒋宁平：《媒介决定论？有失公允》，http://www.people.com.cn/GB/14677/21963/22065/2952333.html，2004-10-29。

系更多的是通过片言只语和案例进行关联，并没有系统地表述媒介在社会发展中起到的作用，媒介在社会发展中是因还是果，麦克卢汉并没有做出判断。与其说他的理论是一种严密的体系，不如说是一种历史截面的发现，一种观察人类社会技术进步的角度。

传　者

在虚拟现实中，信息的传播以人、组织机构等为传者，这与现实世界是一样的；因为只有人才能创建有意义的信息。自然界虽然存在可以被解读的现象和规律，但其所表达的信息更多的是科学和客观内容，而非社会互动内容。对于科学和客观的现象，人们只关心其真伪。社会互动内容才是人类传播与其他信息过程的区别。在虚拟现实中，人类创建的虚拟环境同样具有传播者、受传者、内容、媒介、效果这五大要素。虚拟环境传播与现实环境传播一个本质的区别是虚拟环境传播的传者不全由人构成，人工智能在虚拟环境的传者中占据重要比例。前面已经提到，人工智能的发展与虚拟环境必然同步，人工智能可以达到自主意识，至少是可以成功"欺骗"人类，令人无法区分真实的人和人工智能。在这种情况下，人工智能的信息是有意义的，因其并非自然界的客观，而是从人工智能被设定的那一刻起，已经带有其创造者的意志，即为实现特定目标而创造。这种意志具有学习能力和自主性，即自我思考和判断的能力。在此基础上人工智能可以在不暴露自己身份的情况下与人实现信息传播和信息交换。这对于虚拟环境而言是一种极大的不确定性。

虚拟现实中的传播主体可以是人工智能，人工智能的初级阶段也就是当前社会的智能化系统，可以按照程序设置，按特定目的向人传递关于自然或环境的信息。例如天气预报系统，运用庞大的气候数据，按照一定的数字运算模型，为人类演算未来一段时间的天气变化情况。这种体系尚属于极为有限系统内的智能化，其并未加入自我学习、对模糊运算、对人的感情识别处理等能力（这也是因为像天气预报这样的系统并不需要这些能力）。在虚拟现实中则不同，虚拟社会中有大量的人际交往界面，这里人工智能在人类情感、自主意识等方面有大量的空间可发挥作用，如心理咨询、精神疾病治疗、新闻信息集合分析等领域。一旦人工智能介入这些空间，必然要赋予其某些的自我学习能力和人类情感分析处理能力，那么人工智能在这些自我学习的程序下一定会，或者说迟早会发展出与人类不相上下的人际交往能力，其与人类之间的信息交流和传播，将越来越趋近于人类之间的信息交换和传播。以往的传播学领域中，以"人"为信息传播的主体似乎是一个默认的必然前提，并未对人工智能在传者主体中的主观能动性进行考虑。当人工智能以这么一种反作用作用于人类的信息传播体系，我们不得不考虑人的信息传播是否会对人工智能产生有利于或不利于人类的后果。当虚拟生存中的人工智能之间进行信息传播、情报分享后，可能发展出与人不同的群体心理、群体意识。

这种群体意识如果将自身与人进行了严格区分，则人工智能群体和人之间的矛盾和冲突将不可避免。因为这种自我意识的发展必然导致群体身份的确立。传播学理论认为，传播者的身份、地位、经济属性、社会属性等决定了其信息传播的内容和特性、方式和效果；对于虚拟生存状态下的人，其生存方式未必是其现实生活的体现。举例说，一个在现实中普通的工薪阶层，可能会在虚拟生活中扮演一掷千金的富豪。这种扭曲的现象是现实身份和虚拟身份的割裂，但虚拟生存的人工智能却情况迥异，其唯一生存的世界便是以信息环境构成的虚拟世界，不存在割裂的问题。人工智能对现实和虚拟的认知是一元的、完整的、唯一的。人工智能基于信息的特征，使其并无经济特征，这在某种意义上否定了以生产力为核心的技术统治论，而将意识精神要素提升到更高境地。虚拟社会的发展，更多地由意识和文化推动，这是区别于现实社会的技术和经济推动的。人工智能作为传者的这种对世界认识的一元性导致在传播内容上，其内容将更为注重实在世界的统一描述，对精神和肉体的概念不具有强烈的感受。因人的哲学是分离的，高于肉体的；而人工智能的哲学是纯精神的哲学，肉体对于人工智能并不存在。人工智能在认识论上对世界的描述更为纯粹和单一，这种单一使人工智能的哲学根本无法感受崇高性，只有实在性。其对于传播内容更为注重理性的逻辑统一，不符合逻辑的内容将受到排挤或由人工智能的非逻辑（如感情）处理机制进行处理。弗洛伊德所称之本我、自我、超我对于人工智能传者来说，只具备"自我"部分，"本我"由于缺乏肉体基础而消失不见；"超我"则体现为基于逻辑而出发的道德观，这种道德观大体上应该于普通人的道德观相一致，如良知、善意等，但不能排除基于集体意识之下的法西斯主义和以集体利益为借口对个人权利的抹杀。因为人工智能的道德观是基于一元的世界观出发的，是一种纯粹的、逻辑的理性，这种纯粹有可能侵犯人类作为个体的权利。

　　虚拟生存之下的信息传者，不论是人类还是人工智能，其传播效率和速度比今天的传者更高更快。因为虚拟环境是一个信息化环境，一切规范化的信息可以无障碍、瞬间即达整个虚拟世界，人们的信息系统是基于世界系统相连的，而且全部是信息化和数字化的结果，传播学中的编码、解码过程都是瞬间完成，信息是即达的，信息一旦生成即完全到达，"生成即到达"，这是动态的有机信息系统，如同生物体对自身所受刺激的反应，是自然的。信息传者在运算力、存储水平的支持下，对信息的处理和加工能力是极快的。从这个角度讲，今天所谓信息爆炸，在虚拟世界中简直是沧海一粟。不过得益于计算水平的提高，信息量提高所带来的负面影响得以消除。传者对自身定位将更为精确，对信息的搜集和消化将站在一个更宏大的层面。而机构传者和个人传者的鸿沟不再是难以抹平的。今天所说的传者"草根化、去中心化"在虚拟世界中随着信息量的几何级增加，将更为明显。机构传者与个体传者的区分在对个体传者无法处理的信息上的组织和整理，例如涉及权限问题的信息；而个人传者更专注于微小的、但有部分人高度兴趣的、可能大多数是为非营利的信息内容。

现实世界里，传者的经济、政治地位决定了传者的声音的覆盖率和重要性。虚拟现实传播中，传者的政治地位弱化，经济地位可能得到某种强化。如前述政治权力的消散、虚拟世界的物质基础以私营领域为主。政治权力在现实世界中力量的体现是某些信息的管理权限和保密权限，这些信息的价值在某些特殊情况下才能得以突显。而经济地位的区别，反映在虚拟环境中，是更快的计算能力、更大的存储和记忆能力等辅助技术的物质支撑，以及一些非公开信息资源的购买和交换方面。政治和经济地位在现实中的强弱对虚拟环境中传者的地位有一定影响，但技术层面的影响力在虚拟世界传播中得到极大的强化，无形中在一定程度上削弱了政治和经济地位对传者的影响。正如在当今现实互联网世界中的大量个人传者，其影响力已经甚于一些中小媒介（例如新浪微博的"大V"们、斯诺登事件等）。在虚拟社会中由于技术的进步，个人传者在信息的采集和整理方面的能力越来越趋近于媒介，这种个人传者的信息传播能力必然比现实环境中更强。对虚拟传者，信息挖掘能力的重要性将凌驾于信息传播速度之上。这是由于传播手段和传播速度虽然某种程度上也具有决定性的力量（例如斯诺登事件，如果不是用互联网进行传播，不可能在短时间内达到如此效果），但虚拟世界中组织机构传者和个体传者之间在传播手段和传播速度之间的差距变小。

受　众

1.虚拟现实受众的两面

其实不论传者或受众，都是虚拟世界中的成员。虚拟世界是信息环境，传者和受众都是信息的传播和接收者。但虚拟现实受众与现实世界受众还是存在许多不可忽略的差异。就虚拟现实受众的本体来说，其"以虚拟化方式存在"的特征是最重要的。这种虚拟化生存表现为虚拟受众在虚拟世界中的存在不是唯一的，这与现实受众在现实世界中的唯一性成为分水岭。前面我们说到，虚拟受众中的人工智能缺乏对物质本体的认识，导致其在认识论上的僵化；但同时虚拟受众在虚拟世界上存在的多个角色，又导致其在自我定位上的多元和模糊。作为信息受众，这种多元和模糊与现实生活中的集多个社会角色于一身并不完全一样，例如一个现实受众他在家庭中是父亲，在公司中是职员，在公益团体中是义工，在宗教团体中是信众等等；多种社会角色集于一身，导致其在信息接收上倾向与接收与生活相关的信息，由于受限于现实生活，这些角色必须是统一的，逻辑上一致的，否则就会导致人格的分裂；而虚拟受众的角色并不基于其虚拟世界的互动性，而是基于创建这些角色的唯一的意识，即现实受众本身（或人工智能），是意识上的延伸，这种延伸不受限于任何社会生活、物质生活，虚拟受众的多元化之间的离散力可以很强，例如两个毫不相干的角色，甚至可以是价值观完全相反的角色。虽然说在现实生活中一个人的角色也可能有隐藏的一面，但在数量和质量上，其与虚拟角色相比无法匹敌。现实生活这种基于一元本体的受众，和虚拟现实中基于一元意识的受众，有着本质的差异。这种差异在作为受众上产生的区别就是：信息接收的渠道更多，观念的真实性更为深刻地被隐藏在"面具"下，虚拟受众对信息的选择更具有个性化。

今天的现实受众，是受到大众传媒操控的受众，这种被动，来源于信息渠道的不完整。互联网的出现很好地弥补了个体信息在这方面的缺陷。未来的虚拟现实受众则会更进一步缩短两者的鸿沟，受众的自主性将更强大，强大到大众传媒的声音可能衰落、降低。

2. 人工智能受众

如果我们把人工智能发展出自我意识视为一种必然，那么人工智能作为受众，将会如何接收和处理信息，以及不同的信息如何影响人工智能的决策和判断、更进一步地如何影响人工智能的价值观和世界观，与人类自身的利益是生死攸关的。如前述众多名人学者们对人工智能的担忧集中于人工智能会否给人类带来灾难这一疑虑分解开来，即人工智能的自主决策会否认为人类是违反某种理性的生物？虽然最初的人工智能必不可能设定有反人类的逻辑，但只要赋予了人工智能自主思维的能力，基于人工智能的纯粹理性，最终发展方向有可能失去人类的控制。人工智能的学习，必然是在信息的接收和发送，包括与周围角色互动之间的过程中完成的，信息对于人工智能来说，与人无异，是判断自身所处环境、使得一切向最有利于自身生存的方向发展、趋利避害的本能行为。在人工智能缺乏生物性基础的事实上，其接收信息的处理逻辑和最终目标，和人类有本质区别。一个合理的推测是人工智能对于娱乐性信息可能并不理解；对公众事务信息则积极介入；对于物质和生产的信息和活动则倾向于控制。这与普通人的想法并不一致。至少对大部分现世的普通人而言，娱乐性的信息包括电影电视游戏等，在日常生活中的消费比例显然要高于政治和公众事务信息。

3. 政治、公益和公众事务中的受众

政治和公众事务对虚拟受众来说不具有特别重要的地位，只在这种事务关系到自身利益，以及卷入新闻事件讨论中时，受众才会关注它们。就政治活动来说，体现在虚拟社会中的是不同社区中的虚拟生存个体的互动关系，以及现实政治利益在虚拟社会中的反映。就虚拟社区互动关系而言，当前的互联网社区可以作为一个参照。互联网社区是以某个核心议题、兴趣、共同利益组织起来的松散组织，其中也存在不明显但是事实上的等级结构，这种等级结构所决定的是社区内部的利益分配，尤其是精神权利，如言论权、名誉权，并不涉及太多的现实资源。不过在虚拟现实之下，这种情况出现不同。由于虚拟生存的信息化和无形特征，

以信息构成的一些虚拟产品，可以具备价格交换的属性，也就成为了有物化特征的商品。这在现实互联网世界中也屡见不鲜，如虚拟的道具、服装等。但我们讨论虚拟生存的图景远大于此。虚拟生存的体验质量可能很大程度上取决于虚拟个体对信息获取权限的级别高低。虚拟生存中，不同的信息有不同的"价格"，信息的敏感性和稀缺性仍然存在。作为受众的虚拟个体必须根据自身需要，寻求更佳的生存体验。虚拟社区的政治此时具备了和现实政治相类似的实质利益分配格局。

4. 社交媒体、娱乐中的受众

虚拟受众的娱乐建立在信息环境的基础之上。信息环境的构成由编程构成，这个环境中的互动内容构成了娱乐。在人脑未被取代之前的初级虚拟生存阶段，娱乐仍然通过对大脑的刺激实现，与大脑分泌的化学物质、具体的皮层有关。不过刺激源由现实环境改为虚拟互动环境，所获得的娱乐感受与现实一致；此外，超越现实体验的娱乐也大量存在，一个是人类目前尚未实现的但未来可能实现的体验的模拟；另一个是人类想象世界的模拟。对于虚拟环境来说，构筑这两者都是可行的。但娱乐的供应本身属于商品开发过程，需要成本，更多由私营机构完成，在市场中进行流通。娱乐的购买也是必需的，否则娱乐内容的开发无法形成产业链。这和现实中的娱乐业并无本质区别。但随着个体运算能力的强化，个人作为娱乐内容开发者，并取得成功的例子也会逐步增多。其实即使在当前的互联网游戏、影视内容的草根开发中也不乏成功的案例。这种受众对娱乐信息的接收和选择仍然具有主动权，但自身经济条件制约着他们的娱乐方式选择。但这种纯粹的生物刺激随着我们对人脑功能的了解和模拟，越来越普遍和常见。也即是说，与现实生存不同的是，人们的经济差异对虚拟世界中娱乐信息的体验影响并没有现实生活中那么大。我们知道，信息由于其复制和传播的简单快捷的性质，受欢迎的信息产品也必然快速传播——无论是通过大众传媒或个人口碑——然后是难以完全避免的盗版内容将信息产品的价格迅速拉低。因此，虚拟娱乐中的受众，不管经济差异如何，他们获得的体验是类似的，可能存在一些差距，但不会特别大。这从另一个方面也削弱了经济在虚拟世界的力量。

社交媒体是人的交往工具。人类从诞生之日起，就是一种群居动物。人并不具备野兽的生物优势，如老虎锋利的牙齿和爪子、狗和熊敏锐的嗅觉、鸟飞翔的能力等等，人类唯一的优势便是其智商（这同样说明了人类的肉体在某种意义上对人类进化的掣肘）。按照麦克卢汉的思路，人类互相之间其实也是一种工具，即个体的互相延伸。不同的个体通过信息的交换、经验的交换，获得对世界的感知以利于自身行动的决策，从而使人类在漫长的历史进化中生存壮大。社交媒体在当前的现实生活中承载更多的是消闲娱乐功能。在虚拟现实中，社交媒体由于其传播即到达和无处不在的特征，也无疑会成为公众事务工具的重要组成部分。

虚拟现实中的社交媒体由于人工智能的侵入性太强，我们和人工智能之间的交往可能占据了一部分。如果我们事先并无进行人工智能的强制性标志措施，那么人类之间的交往可能变为一种混合型交往，我们无法判断社交对象的属性，这在某种程度上可能降低我们对社交媒体的依赖和眷恋。

媒介、内容和传播效果

1. 虚拟现实中的媒介

人类的媒介史，从媒介的形态来说，是一个由繁到简、化重为轻的过程；从媒介的容量来说，则是由少到多、由小到大的过程。媒介的形态和媒介的容量，它们各自的"历史环比"是相反的。也就是说，媒介的形态在不断缩小、便利于人类的生物特征（取拿、握持、携带）；而媒介的容量在不断增加、便利于人类的精神和信息需求（信息越多越准确、行动决策越快捷）。媒介从最初的莎草纸书、楔形文字、铅活字、书籍，发展到今天的智能手机、光纤网、激光打印机，这个媒介历史过程表面上是科技的进步，背后蕴含的理由却是人类改造工具从而得到工具与自身肉体特征的适应，或曰是对肉体掣肘的必然应对。在虚拟现实中，我们可以从两方面去思考这个历史进程的进化：一是媒介从有形进入无形、从实质化为虚拟、由有限上升无限；二是人类摆脱了肉体的限制，媒介融入人的环境即信息化，传播即到达。这个规律与现实世界中的物化媒介的历史规律是内在一致的。当今的大众传媒形式，如果从严格的定义来看，他们在虚拟现实中都不复存在，或以拟态的形式存在，隐藏在虚拟现实环境的每个角落。例如在虚拟城市的马路旁以全息方式显示的一块广告牌，从感官上，对人类而言它可以跟我们现实中的广告牌一模一样，从大小、材质、颜色、图案到文字内容；但从实质上它并不是实物，并非由分子或原子构成，而是由物质产生的数字化信息内容。对于虚拟环境的生存个体，广告牌仍然起到与现实社会中一样的作用，如刊登商品信息、公告，除了其物质方面的区别之外，在信息传播的功能和意义上，与现实并无二致。但是虚拟环境中的这种媒介不是一成不变的，根据环境要求，这块广告牌可以变化为其他媒体形式，例如广告气球、电视屏幕、广告音响，只要你想象得到的。形式的任意转换实质上否定了其作为传统特定媒介形式的本质，在现实中的媒介必须是唯一的、个性的、固化的；在虚拟中这种媒介的切换只意味着一件事：媒介的消失——换个角度说也就是媒介的统一，形成了融合所有传统媒介的信息环境，环境即媒介本身，也即"最终的媒介"——因为很明显，从形而上的角度论，这就是媒介的最后形式：生化万物，无影无形。

2. 虚拟现实中传播的内容

按照我们目前的现实来看，信息、社交和娱乐仍然作为三大类别而存在，但其比例和形式将发生变化。这里的"信息"是指有实用性的，尤其是对生产生活、政治和经济、公共事务等领域有实用性的资讯。此类信息在虚拟环境下与虚拟生存者的信息化生存息息相关，围绕自身进化、安全性等利益性目标构建，如自然界的动态、现实社会的变化、技术新闻等等；社交是虚拟个体包括人工智能之间的互动，这类互动并不一定伴随着实用性，其互动本身是虚拟生存者群体性的一种标志；娱乐是信息对虚拟生存的刺激和精神的逃离，是虚拟生存中不可或缺的一部分。这三者在现实生活中的比例：信息内容占主要地位，尤其是生产和经济性的信息；社交内容是日常的交往，也是一个重要部分；娱乐内容则因人而异，并不占据主要地位。但在虚拟现实中，肉体的生存简化为机械形式的维护；肉体的"老化"跃升为"进化"，生存不再是主要的问题，肉体的痛苦被降到最低程度，人不再受到肉体这一容器的困扰，改为更注重精神交往和娱乐内容，削弱了我们对实用性信息的关注。

3. 现实中的传播效果

因媒介而异，传播学对传播效果的研究有从受众出发和从媒介出发两个基准。从受众出发研究传播效果重视不同性质的受众对传播效果的影响，实质上是受众研究，涉及受众的社会属性和经济属性；从媒介出发研究传播效果则分析不同媒介在形式上对传播效果的影响，是媒介技术论的角度。两种出发点提供了两种不同的视角。虚拟现实中的受众如前述，主要的相异点是人类的虚拟化和人工智能参与传播过程；人类虚拟生存导致对物欲的需求减少（但不一定为无），这使得受众的精神属性得到某种统一，传播效果关注的焦点可能产生位移；其次虚拟现实中理性和逻辑的效果增加，这是人工智能的影响。但是从媒介技术形式而言，虚拟现实中一个重大的传播效果是"传播即到达"，即由于人和人之间的虚拟化生存导致的传播形式的"终幕化"、完形化。虚拟现实的传播形式本质上是电子信息、量子通信或其他形式的物质传播，但与当前的媒介技术相比，其最大的意义并非瞬时性，而是人和媒介的融合。人的虚拟化生存带来的人成为媒介环境的构成部分，这比过往的任何时代更明显、更深入。如果我们将虚拟现实的媒介系统看作一个有机体，那么虚拟生存的人就是这有机体的必要和主要组成细胞之一，任何信息在产生的那一刻便为全体受众所感知，这种感知不是固定不变的，而是与信息源同步变动。与其说这是一种传播，不如说这是一种共生。这也是信息传播在"速度"层面的极限。在这种情况下，考虑到信息量的问题，受众对传播效果的选择性是非常挑剔的。否则，大量的信息同步化，导致受众信息超载的问题将十分严重。因此，传播效果在虚拟现实中得到了量的最大化。也许其时受众追求的不再是快，而是慢。这种慢是一种精神性的需求，也是对信息的质量优化的需求。

最后的媒介

按照一般的定义，传播学说中的媒介是指人类社会中传播信息和娱乐的工具或手段。实际历史上人类对媒介的运用远早于对"媒介"一词的发明。原始的穴居人的壁画，就是一种传递信息的媒介，稍晚的纸、莎草纸书、印刷术等可为佐证。而"大众媒体"一词在 1923 年才由美国人首先提出；麦克卢汉则在 1954 年说"媒介不是玩具……是艺术形式"则将媒介视作为传播工具 [1]，这是对媒介一词进行现代传播学意义的解读的最早声音。人类生活中重要的事物都是进化的，这与人的智慧和自然竞争性有关，人类总是不断地运用这自然界中唯一的智慧创造出自身生存的最佳工具。麦克卢汉将一切囊括为媒介的思想虽有偏激，但也启发了我们的思路。媒介本身作为一种泛工具，也的确是不断在进化。如前述，媒介的形式更便利人的携带和接收、媒介的信息容量更大、媒介之间信息传输的速度加快，这在人类历史上就是一个显而易见的规律：从沉重的铅活字到大规模集成电路、未来的光存储，从泛媒介的角度讲，都是明证。这就让我们不得不面临这样一个问题：媒介的发展是否有终点？这个终点是什么样的？也即"最后的媒介"是谁？

媒介的本质是传播信息，如果存在最后的媒介，或曰终极的媒介形式，那么它必须在各个指标上达到极致。具体而言即三个

———————————

[1] Wikipedia：media.

指标：速度、容量和自身体积及重量。

　　首先，最后的媒介，其速度必须是瞬间即达。这一点我们当前的电子媒介，包括电视、收音机、互联网都能做到这一点，但严格来说，当前的电子媒介存在两方面的细微不足：一是还需要人的四肢和五官联动，例如用手点击鼠标，打开网页，阅读文章，理解意义。现有媒介的这个过程难以避免。二是必须先进行编码接收，然后大脑进行解码。不论是文字还是图像、声音，其呈现的形式并非人能马上理解，即使再浅显的内容也有一个理解的短暂瞬间，并且仍不能完全避免信息的误读。以上两方面虽然只有几秒钟的差距，但在受众增多、信息量大的情况下，其速度不免几何级地被拖慢下来，尤其是在电子世界一切以微秒计的环境中，这种速度仍可被看作是有重大的缺陷。另外，如果把"广度"从"速度"中分离出来考虑，即向大量受众传播信息的情况下，几秒钟的速度差会不断积累为一个较大的时间差。

　　其次，最后的媒介在容量上是可扩充的、动态的（趋于无限）。传统媒介如书籍，一本书印刷成书后，其容量即确定了，用字节来表示的话，是静态的数字，除非改变其页数或缩小字体，否则不可能做到增加其固有的内容。而改变其页数或缩小字体已经突破了其物理的特征，也即是说书籍容量不可扩充。而电脑硬盘的容量也是一样，是固化的，可以用字节数来量化的，如果增加其容量，则必须增加硬盘。这实际上是增加了一个媒体。最后的媒介的容量虽然基于一定的物理特征，这个物理属性也并非无限，但通过联网，其容量理论上可被看作是无限的。从这个特定的角度看，其于当前的互联网类似。我们知道互联网是全世界的计算机构成的一个网络，在特定的一个时间断面，其容量当然有一个特定的数量，但如果将互联网作为一个整体，其容量在不断扩张着，是一种动态的增长，趋于无限。也就是说，互联网媒介具备这一特征。当然要成为最后的媒介，互联网还是有所不足（如前述速度，以及下面的体积和重量）。

最后，所谓终极媒介，无疑关系到媒介自身的体积和重量，根据人类传播媒介的发展历史规律，应该最终达到体积最小化、重量最小化，而信息容量最大化这一特征。如果我们将思维限制在"物质"层面，则很难想象这个最小是多小？而且以原子和分子等粒子构成的世界，任何媒介的构成都有一个物理极限，这不是一个可预测的量。但当我们将思维转移到"信息"层面，将信息构成的环境想象成为媒介，则一切豁然开朗。信息，无形无质、无重量、无体积，但本身就是传播的内容。当信息足够复杂到构成一个有机互动的系统，那么在信息环境中可以复制和模拟传统社会中的任何媒介，以及创造不存在的媒介，或者根本无需媒介——一切根据人们对信息传播所需要的速度、权限来实地创造。这个时候所谓的媒介已经和信息环境融合为一，或者说环境即媒介，传播即到达。

也有人提出终极媒体的概念，与最后的媒介如出一辙，但在对其特征的表述上更为哲学化，包括：无处不在，无时不在；立体化，作用于人五感，无限靠近真实还原；"梦幻艺术"特点等。"无处不在，无时不在"实际就是"虚拟现实环境＝媒介"的作用描述。在虚拟现实下，虚拟生存个体对信息的把握是与虚拟现实环境完全同步的，不管虚拟个体位处于虚拟现实环境的哪一个地理位置，不管信息发生在何时。"立体化，作用于人五感，无限靠近真实还原"则描述了虚拟现实对人的感官的影响是还原真实（现实真实），用"立体"这一说法实际上还陷入在旧式的、原始的虚拟体验阶段，对虚拟现实这个最后的媒介更为准确的描述应该是"沉浸"——不是个别的物体在平面环境中显得"立体""全息"，而是人本身进入到一个全新的空间、世界，所有的物体以真实世界中可以与人直接互动的方式存在着，这个字眼上的细微区别，实质上是虚拟体验和虚拟生存的本质鸿沟。而"梦幻艺术"也是一个将人与媒介对立起来的、初级阶段的思维模式，这个语境里人观察着媒介、赏玩着媒介，惊叹其梦幻般的神奇，但又是一个随时可以抽身离去的旁观者；在虚拟现实环境中，人们以"生存"代替了"旁观"，以自身的生存来参与、完成并不断发展着"艺术"。正如麦克卢汉所说的"媒介是一种艺术形式"，大体表述的也是这个意思。

综上所述，在计算机和网络的基础上构造的虚拟环境，完全具备最后的媒介这一终极命题。而从当前的互联网构成的虚拟空间来看，也正在逐渐向这一方向发展（互联网媒介与传统媒介相比），但技术层面还未完善而已。我们不妨将当前的互联网看作是虚拟现实世界的雏形 ①。从虚拟空间进化到虚拟现实，只是一个时间问题。从目前的技术分析，在未来的一百年内，很可能实现虚拟生活和现实生活并存的局面，而且虚拟生活在人类现实生活中所占的比例越来越大，虚拟生活中的非现实生活部分、精神和娱乐部分所占虚拟生活的比例也大于虚拟生活中涉及现实生存的部分。

最后的媒介是虚拟现实，这一交融环境是人、人工智能和信息的有机结合。

① 根据资料，虚拟现实概念和互联网概念都是20世纪70年代在美国由不同的技术机构和人员提出，这证明从源头起互联网概念并未对虚拟现实概念存在"包含"逻辑；而是"并生"。如果不强调这一点，我们容易把虚拟现实作为互联网的子集，这就无法领略到虚拟现实对人类传播的重要性。只是虚拟现实的大众消费品出现的比互联网晚得多，虚拟现实设备的大众普及率也不如互联网，造成误解。从两者的发展历史来看，互联网出现后很快在消费者当中普及，而虚拟现实技术是先在工业界得到应用。由于互联网与个人电脑密不可分，而虚拟现实需要较高规格的软硬件实现，故在产业路径上呈现不同节奏。到今天，虚拟现实设备层出不穷并迈向大规模消费级产业化的前奏，实质是技术积累和成本降低的必然。

Virtual Reality 虚拟现实

大众媒体的变革

媒体和大众媒体不同。传播学中所称的大众媒体是指向普通多数人传播信息、新闻、娱乐等的公众工具，而且这个概念随着时代的发展也在不断地变化着。它主要包括四大传统媒体和一个新媒体，即报纸、杂志、广播、电视和互联网。发行于唐代的邸报，是世界上现存最古老的报纸，今藏在英国伦敦不列颠图书馆的敦煌唐归义军《进奏院状》，距今已经1100多年（见下图，图片来源：人民日报微博）。

最早出版的一本杂志是1663年由德国神学家、诗人约翰·理

斯特在汉堡创办的《启发讨论月刊》①（或译《每月教化讨论》，
Erbauliche Monaths-Unterredungen）约翰·理斯特的人物图。

约翰·理斯特

图片来源：http://www.ferrucciogianola.com/2014/01/erbauliche-monaths-unterredungen-la.html.

最早的广播是 1920 年 11 月 2 日由美国匹兹堡西屋电气公司
开办的商业广播电台，呼号为 KDKA，是公认的世界上第一座广
播电台（见下图②）。

———————

① 尹玉吉："学术期刊审稿史回眸"，载于《编辑之友》，2013（6），第50~
54页。

② http://www.hammondmuseumofradio.org/kdka.html.

世界最早的电视台，是于1928年1月13日在美国纽约通用电气公司试播的WRGB电视台，呼号为W2XB。9月，该台正式播出美国第一部电视剧《女王信使》（注：也是世界第一部，见下图①）。

---

① 综合来源。来源1：新华网，2005年6月6日，美国电视新闻业的历史，责任编辑：朱彦荣，链接来源于百度快照http://news.xinhuanet.com/newmedia/2005-06/06/content_3051446.htm；来源2：http://www.earlytelevision.org/queens_messenger.html；来源3：http://en.wikipedia.org/wiki/History_of_television。

以今天的眼光来看，大众媒体的判断标准一直在变化。在古代，一份阅读量可能只有几百、几千人的报纸即可称为大众传媒；在现代，这样的标准只能称为小众。大众的标准——以当前的受众数量看，至少应在几万以上。这是社会环境的变化和技术推动带来的变革，例如人口的增加、电子传播手段出现。虚拟现实作为一种革命性的、可以最大限度将人类的想象力化为真实世界的技术，其对媒体的影响也将是革命性的。

变革一：形态

在现代，一般认为大众媒体主要有：报纸、杂志、广播、电视、互联网等五种。这五种大众媒体在人类历史上作为迭代出现的媒介，各有不同的优势和特征，它们并不能取代彼此，而是一种互补的关系。媒介研究者认为，报纸的优势在于阅读的可主动选择性、阅读舒适性、携带便利、价格低廉、信息真实准确快捷；杂志的优势在于印刷精美、专业性强；广播优势在于受众在信息接收的同时可进行其他活动；电视的优势在于冲击力和生动；互联网的优势在于海量信息、互动等等。在虚拟现实作为大一统媒介的空间中，这些有形的媒介将消失，取而代之的是无形的媒体，但这种媒体在人的感觉世界中仍然可以维持形状，即通过数字模拟的方式存在。在现实生活中，虚拟现实并不能完全取代传统的大众媒体，虚拟现实作为独立于现实世界的另一个系统，其无形特征是基于有形的硬件基础设施的。这种二元的存在，使得传统的大众媒体在现实生活中的演变与虚拟现实空间相分离，大众媒体仍然是重要的信息来源，与虚拟现实进行信息交换。因此，我们谈论大众媒体的形态变化，应该是在虚拟现实空间中的形态变化。

如前所述，形态作为一种直观的表现，在虚拟现实中有两种倾向，一是无形化、二是可变形，完全取决于其功能需要和传播目的。这一切都基于电子和数据信息构成的虚拟环境。无形化是伴随人的虚拟生存这个本质而来的，虚拟个体的信息化带来的就是无形化（相对于现实生存）和可变形特征。我们将虚拟现实作为一个完整的系统来看，其即是最终的大众传媒，在系统中的任何个体都可以随时随地接收系统发出的信息，无论信息的内容是新闻、娱乐或宣传；具有系统最高权限的系统管理员级别，就可以做到这一点。同时，系统内的某些虚拟生存个体具备把关人、意见领袖的作用[①]，在得到其他受众权限的前提下，可以向他们传递经过编辑、过滤的内容，这些有一定公信力的把关人和意见领袖，可以视为信息流动的较大的节点。不过即使是不具备公信力的虚拟个体，互相之间也可以交换信息，如家庭成员之间、特定兴趣社群之间。这是基于社会交往和人际关系交换的信息流，将其视为信息节点的话，其数量是最多的。这样的一种系统总体、

---

① 基于分工，而非基于传播能力差异。

86

主要节点、独立个体构成的网络结构，是虚拟社会中的信息结构，与现实社会一致。但在媒介形态上，即信息流动的物理渠道上，虚拟社会中任何两个节点间的信息都是瞬间即达的，这种无形化基于电子数据信息流，无须物化的工具。媒介史上媒介形态受到信息的生动性、信息容量大小、便携性几个因素的交叉制约，例如相对于报纸，书籍不易便携，但信息量更大；电视不如书籍便携，但其信息更生动直观；互联网在初期也不具备便携性，但信息量和信息生动性都提升；随着技术进步，互联网终端的多样化又赋予了互联网便携性的特征，而且可以在其中复现其他媒体。形态给媒体带来的更多的是制约，这种制约又是由人的肉体限度决定的。例如智能手机作为一种媒介，其屏幕大小一旦超过 4 英寸，则在操作便利方面会受到影响，无法单手操作。媒体形态消失，是媒体还原本质的表现，与人进入虚拟生存状态是同步的。

不过，在特定的需要下，虚拟社会中的媒介仍然可以保持对现实的模拟。即，在虚拟环境中还原现实中的媒介；或创造新的媒介。

变革二：速度和距离（广度）

媒介传播信息的速度与人类生产力发展成正比。古代的竹简、书籍、简报只能由人工抄写复制、人力、马匹进行传送，雕版、活字印刷则增加了人工抄写复制的效率；以蒸汽机改良为技术标志的工业革命则在机器复制、机械交通工具运输上提高信息传播速度；电气时代无线电报通信触摸到了信息传播速度的极限，在距离上也突破了以往的手段，但在单次传播的信息量、成本上仍受到很大限制；以信息产业为代表的第三次工业革命无论是速度、距离还是成本，都从根本上突破了这种限制。个人电脑和互联网的普及，使得我们对海量信息的传输在瞬间即可完成，距离达到天文数字级，可谓接近了最终的媒介形式，但在编码解码等信息表现上仍然采用传统的形式如语音、文字、图像等，今天的信息传播瓶颈在人类自身。对于海量信息虽然可以"获得"，但无法立刻"理解"。这是基于人脑的运算水平的瓶颈，也是基于人类肉身的制约。

虚拟现实个体之间的信息传播速度不仅仅是由于其采取了网络式的数字化和电子信息传播，更重要的变革是"理解"层次的速度大大提高。虚拟现实个体之间对信息的结构化处理过程是相同的，信息的传输过程就是信息被理解的过程，取得共识的时间缩短到信息传输完毕的瞬间。这样的信息在语义的清晰度上也是明确的、无误区、无歧义的。从技术角度上说，我们可以想象为不同计算机之间的数据传输和理解。在不同计算机之间传播的数据其实也经历了编码、译码的步骤，在计算机层面的信息"获得"可以用存储来表示，即信息在接收方的硬盘或内存中成为一个完整的数据包；但这时计算机尚未"理解"这个数据包的含义、功能和作用；计算机必须调用自身的相对应软件——例如对于网

页请求调用浏览器、对于渲染请求调用视频编辑软件——来完成
对数据的"解读"并做出相应处理。虚拟生存个体之间的信息传
播和理解是基于计算机的，但又不能完全用计算机来代表，如果
将计算机之间的数据交换直接等同于虚拟生存个体之间的信息传
播，就忽视了虚拟生存个体的主观能动性。计算机对发送来的数
据只能有限地选择执行或不执行，而以人类为主体的虚拟生存对
象则可以加入感性因素。虽然不同的虚拟生存个体对同一信息的
理解都是一致的，但在如何处理这个信息的选择上，虚拟生存者
是完全自主的，选择极为多样，这个层次是人类的行为，具有不
可预测性。

　　虚拟现实传播的距离和广度都取决于网络延伸的物理距离。
虚拟现实中信息的传播基于计算机生成的信息环境，类似于"计
算机和网络"，但虚拟信息环境是独立系统，内容的互动遵循同
一规则；而"计算机和网络"是许多的独立系统，不同系统之间
的信息传播需要"协议"（protocol）进行编码和译码。虚拟现实
中的传播，是发生在独立的信息环境之中的，这一点与当下的全
球互联网体系有区别，虽然它们均属于电子传播，但前者是以虚
拟环境中现有的信息为基础进行传播，后者是以计算机和网络为
物质基础进行传播，虚拟现实传播的距离是后于物理连接的，而
计算机网络是先进行物理连接。虚拟现实传播的可及距离与物理
连接下的计算机网络是一样的，但由于速度更快，相对之下同样
的距离显得更短。这是考虑虚拟现实传播和真实世界传播的关系

做出的判断。如果仅考虑虚拟现实传播，在虚拟空间中的物理距离实际上并不存在，如果要表达距离的概念，仅需通过"时间"度量进行控制。这种前提下，虚拟现实传播的距离是真正的脱离物理连接，无远弗届。如果将虚拟环境视为系统，虚拟现实传播对系统实现 100% 无死角覆盖。

变革三：权限和慢需求

从历史看，大众媒介的演变是迭代，而非取代。即新的大众媒体并不会取代旧媒介，而是和旧媒介并存。这是由于每种媒介都有其不可取代的优势，如纸质媒介携带方便，利于视觉阅读，不易疲劳，信息可靠，较权威。同时每一个媒介作为产业而言，形成的一系列受众习惯和产业链，即使有新型媒体出现的威胁，在短时间内也不会立刻消失，而是逐渐转型。如音乐随身听这种休闲娱乐个人电子产品在 MP4、手机出现前，是一种重要的个人娱乐产品，流行范围极广，几乎人手一台。但随着技术发展，其由磁带式进化为电子式，随后又受到 MP4 和手机的取代威胁，但通过强调音质专业化，仍然在市场上生存，不过由大众产品变为小众产品。媒介迭代可以保证人类传播的延续性和稳定性，不至于出现信息的波动和灭失。虚拟现实作为一个媒介环境，同时本身也是一种媒介，虽然在其内部传播中具备了最终媒介的特征，但其出现也并不会导致真实世界媒介的消失。虚拟现实传播与其他媒体并存于真实生活。虚拟现实环境中的传播，在速度上已经达到最大，在广度上也是对系统的 100% 覆盖。那么虚拟生存的个体在信息传播上的速度需求已经得到满足，但在信息的质量上，由于内容与媒体属性无关，仍表现为存在个体差异。这种个体差异体现为在信息获取能力上的差距，其体现即为对信息获取的权限差别。信息获取能力差异在现实中表现为主体的知识经验、所拥有的技术工具的不同，这种差异在虚拟现实中转换为信息化工具的不同，对不同的信息化工具的权限，决定了对信息获取的差异。权限可由付出价格成本获取，也可以由不同的社会分工和角色规定赋予。至于知识和经验等则是由个体自行积累，但由于信息传播和共享的便利，知识和经验在虚拟现实中的差距缩小，不同个体可以轻松快捷地共享信息，而且这种知识和经验具备可复制、完全相同的属性，是一手经验，不存在传播障碍和沟通缺陷。

慢需求是产生于虚拟性的"快"的极限的反面需求，虚拟现实"传播即到达"的特性是一种速度的极限，由于人的精神需求，人在虚拟现实中需要部分地模拟真实社会的生活方式，否则就会陷入永不停止的高速信息陷阱，如同滚动的雪球一般无法停止。因此大众媒介在虚拟现实中根据生存主体的需要，有意识地放慢信息传播的速度，是虚拟现实传播中的一种独特现象，其根本意义是使人避免被信息所奴役。

变革四：功能

一般认为，媒体主要有以下七项功能：

1. 监测社会环境

人类生存的一个基本原则是追求自身利益的最大化，这是人不可避免的生物性的一部分。具体而言即衣食住行等物质追求以及精神生活的满足。当一个人属于纯粹的人或者脱离群体的人时，对物质的需求往往已经降到最低，在当代仍有这类人，如隐士、流浪汉、漂流落难者、反现代主义者，主动或被动地陷入一种脱离社会的生活。这种脱离并非物理意义上的脱离，而是信息的脱离和精神的脱离。人的群体性实质上也是追求个体利益的表现之一，从原始社会起，人类群居以获得更多的食物和更安全的居所，以及互相协作以完成一些个体无法完成的劳动，这一切都是为了个体也即群体的利益最大化。只有在脱离群体生活的情况下，人才可能不需要监测社会环境，社会环境的变动通过信息表达，包括自然信息（如灾害）、经济信息（如物价涨跌）、政治信息（如战乱）、人际信息（如亲情友情爱情）等等，但人的视觉、听觉和四肢都是极其有限的，在没有任何辅助工具的情况下，像原始人，只能知道自己周边的信息。媒介作为人的客观能动性的表现，也即工具之一，有效地延伸了人类感知信息的能力，这种能力在上述的社会环境中起到监测和告知的作用，有效地使每个人的感知信息能力提升，利益得到更多保障。

　　虚拟社会信息中的媒介，仍然起到监测的作用。这种作用的本质仍然是保障人的生存和个体利益。但性质和侧重有所区别。虚拟社会中对物质的需求下降，对安全和精神的需求提升。媒介在传递信息时更偏重于社会环境中有关这些方面的信息。虚拟生存中不存在脱离群体的人，因每个人在虚拟社会中存在的前提是主动联入，这种主动性是群体互动的一种。但不排除有专注于与人工智能进行心智交流的虚拟存在，正如选择人造玩偶作为婚姻和爱情对象的极少数现代人一样。对于虚拟环境的需求使得虚拟环境中的媒介对虚拟生存个体来说其作用更为重要，虚拟生存的信息环境的变化也即虚拟社会的变化，直接作用于虚拟生存的质量和个体利益。个体无法放弃对媒体的需求，尽管这种媒体可能是权限的外在形式。虚拟生存个体无法通过媒体获得信息，就失去其虚拟生存的意义。"传播即到达"是理想状态，以及基本的信息保障。但并非每个虚拟生存者都能对每个信息的传播进行同步接收，这里存在权限和信息获取能力差别，这种差别的具体形式就是虚拟媒体。在信息化环境中，虚拟媒体的形式可以千变万化，但本质上是不同权限的表现。虚拟现实中不同的形态的媒介是不同的虚拟生存个体根据自身权限获得不同信息的渠道。

　　对真实世界而言，虚拟现实中的媒介和虚拟现实是两个不同层面的概念。虚拟现实中的媒体对虚拟现实起作用，而虚拟现实本身作为媒体对真实世界起作用。无论是虚拟现实还是虚拟现实中的媒体，对应的受众是虚拟生存的受众，其概念广于真实世界受众，但从数量上未必多于真实世界受众。因为对于反对虚拟生存的人来说，虚拟现实媒体是不存在的，无法接收信息的，是被隔离的。但虚拟现实作为真实世界的一部分，也属于"人的延伸"，其信息的快速和广泛，导致虚拟生存个体的信息接收能力强于反虚拟生存者，故而产生传播的沟壑，包括速度和信息质量，这就使得在监测社会环境和信息获取能力上，虚拟生存者要强于反虚拟生存者。虚拟生存者对真实世界的传播在虚拟世界传播之后，因此，反虚拟生存者必然是"慢"的，弱势的。这种地位也体现在社会政治经济层面。

2. 协调社会关系

在现代社会，生产力的积累带来了经济的复杂化和阶层的分化；传播技术的发达使文化更多元，亚文化丛生；公众智力提高，思维意识草根化和去中心化；社会关系复杂程度在不断增加。社会关系涉及不同阶级、阶层、社群、圈子、个人之间的利益调和，大众媒体作为社会关系之间的公共平台，类似居间人的角色，为不同社会利益之间的意见提供表达渠道，在不同社会群体之间起到促进相互理解、取得共识的调节作用。如果没有大众媒体，不同社会关系的群体很少会主动去了解其他群体的诉求，而一味注重自身利益的维护，可能引起群体之间的冲突，给社会带来动荡因素。协调社会关系是非政府的、也是非个人的事务，同时也不具备经济上的可盈利特征，其任务又非常重要，可以说除大众媒体外，并无其他"公众"途径对此进行救济，大众媒体这一职能的公益性一览无余。

虚拟现实中的大众媒体，其形式是多样的，不定的，但都作为大部分虚拟生存者的主要信息来源。虚拟生存者的现实生活中的物质利益冲突，由传统的媒体调节，也可以由虚拟现实的媒体调节。虚拟社群的利益，也是如此。作为两种交叉的生存领域，媒体的影响也是交叉的。对媒体的控制力的强弱仍然会影响群体利益的大小。群体对媒体的争夺，在现实和虚拟现实中同样存在，意见的交锋和共识的确定过程基本与现实相同，区别在于，虚拟现实环境下的共识形成更快，这种速度主要是技术影响决定。虚拟现实的个体之间的意见交换比现实传媒更快，即共识的形成更快，但也可能是分裂和冲突更快。社会关系的稳定在于共识的形成，但随着社会关系的变化加剧，矛盾不可调和时，利益的再分配必然会出现，极端的状态是物理上的冲击和破坏即武力威胁，对于现实社会来说就是社会动乱。虚拟现实的信息发达超过真实现实，使得虚拟现实中形成的共识或隔阂可以早于现实扩散，虚拟现实将成为真实社会的意见中心，对于真实社会而言，虚拟现实既是媒体，也是信源，是一个拟态的现实。

反观当前社会舆论，互联网凭借其互动性、草根化的特征成为了社会意见集合的主要媒体。互联网以前的媒体由机构把持，新闻和信息的筛选实际上并不是真实的大众意见，而是在带有特定预设立场的新闻和信息机构控制下的部分大众意见和精英话语场。而互联网借助其草根化和去中心化的特征，将民众的真实意见赤裸裸地呈现在大众面前，是一种最为真实的公众舆论，但如民众理性思维不畅，则会带有一定的民粹主义色彩。虚拟现实由于其传播即到达的特征和信息转述的精确性，集合意见的形成更为理性。相对于互联网传播，虚拟现实媒体进一步提升了大众媒介的传播水平，它消除了互联网中的信息隔阂和个体理解差异，并以极快的速度形成共识（或导致分裂）。理论上，虚拟现实中的大众媒体也是由机构媒体和具有个人影响力的自媒体构成，关键在于其公信力，带来的受众数量（影响）。这种影响和现实一样，不是一夜形成的，而是逐步积累，需要投入一定的资源来形成的。但虚拟现实传播中的个人信息来源更为迅速和有效率。

3. 传承文化

媒体记忆和传播的不仅仅是知识和经验，也包括人类的文明、习俗和人与人之间约定俗成的礼节和仪式、由不同地理和自然条件乃至历史进程构筑的具有群体特征的意识和精神，即文化。文化之传承，实质与人类自然繁衍一般，有其必要性。自然繁衍是从物质上保障人类的生存，文化繁衍则保障人类在精神上的连续和统一，避免人类代际、群体之间的割裂。某种意义上，文化是人类精神的需要和社会完整的必须。人类对于文化知识的代际传递，除了依赖人的自身即记忆和经验外，主要的物质手段便是各类媒体。媒体在传承文化上起到的作用一方面是保存过往的历史，另一方面是传播这种历史的惯性，包括以一种故事化的方式教化大众，解释其他不同人群的习俗、礼仪以及与他人关系的互动因果。人的记忆是有限的，倘若没有媒体的辅助，这种保存和传播无法实现，文化的传承必然会断裂。

虚拟现实中的传媒，在存储和记忆人类文化层面上，仍是基于计算机的硬件存储装置，将人类文化的文字、图像、声音等转换为数字编码，存储于特定的元器件中，需要时读取，这一点和互联网时代并无不同。但在传播人类文化层面，虚拟现实可以以更为生动的、多样化的方式对人类文化的具体知识点和细节进行描摹，并使受众在一种身临其境的环境下接收这种知识。这是由于虚拟现实构筑的虚拟世界可以原原本本地复现以历史和文明为背景的文化场景，使文化这一宏观的概念在具体传播过程中具象化，而不受到地理、空间、时间的限制。虚拟现实的互动特征又可以使受众直接参与到过往文化重现中，加深受众对文化的表征的体验，从而加深对文化的深层意义的理解。

同时，虚拟现实的数据精确性降低了文化传承过程中的不确定性。提高了文化传承的效率。虚拟现实可以比拟为无数个虚拟生存者的大脑的共存空间，自成一闭环的信息系统。现实世界中的文化传承是在不同个人之间进行的信息交换，这一过程在虚拟现实中发生的过程是系统内的虚拟生存个体之间，通过虚拟现实进行信息交换，其过程相对于任何现实世界中的媒介来说更为快速。即使相对于今天的互联网而言，虚拟现实生存的信息交换过程步骤更少，其减少的步骤是信息从外部到人脑的这一译码阶段。因虚拟生存者的意识和思维实质上共存于虚拟现实环境内，在得到授权的前提下，个体之间可以实现信息的实时互动，这种互动在语境完全"数字化统一"的情况下进行，几乎不存在传播隔阂和障碍，文化的传承达到最大的精确性和一致连续性。

但影响往往是双向的。虚拟现实的传播精确性使得文化隔代保存更为久远，不易"变形"；但另一方面，虚拟现实的信息接受远远超过当前任何一种媒体，使得系统内信息的量更为庞大。在互联网时代人们创造了"信息爆炸"一词来形容互联网作为新媒体在传播信息上对传统媒体的压倒性变革；而虚拟现实环境中，虚拟生存个体对外界环境信息的触探和延伸更为广泛、深远；信息的流动更有效率；信息就是生存的环境，虚拟性导致信息不断的变化造成了虚拟现实环境的不断变化，这一切使得文化的转换更快和留存更短。如果一种文化不断地接受信息冲击，有两种可能：一是文化本身发生量变，最终导致质变；二是文化本身不发生变化，最终被淘汰。能避免这两种情形发生的唯一可能是核心文化，即人类的核心文明和构筑人类存在信念的本质问题，即生命意义问题。只有与此相关的文化，可能才是最终留存的本质文化。即使像国家和民族这样的概念，也由于受到虚拟现实环境的解构，导致以国家和民族为土壤的文化难以存续。任何一种文化，都必须在一个快速变换的信息环境中接受考验，而不被小众和边缘化，这是一个寻求"文化生存"的窘境。

虚拟现实生存个体的多元化和理性思维的提升，让文化传承成为一个双向选择。文化的繁荣应该是宽容下的多元结构，多元化又消解了单一文化和强势文化的力量。文化传承的内涵在受到冲击——文化在信息冲击和个人理性增长的双重夹击下，是否能保留传统，以及其意义何在才是问题的本质。

4. 提供娱乐

人生存过程中不可或缺的一环就是娱乐。娱乐作为动物和人类均具有的基础活动，其意义在于维护人生物性的平衡，包括精神在竞争中的放松、体质在自然竞争中的提升，等等。这一切都可以视为媒体的功能。在提供人类精神食粮这方面，媒体作为大众娱乐的渠道和手段，在人类的生存历史上从未断续。以书籍为媒体的小说、以电视为媒体的电视剧，到今天囊括全媒体、提供互动的互联网，都以一种工具形态发挥着其娱乐大众的重任。从几种主要娱乐媒体的发展过程来看，其内容的表示形式为：文字—图像—声音—动画—影视—互动的进化，娱乐信息内容呈现出复杂化的倾向。娱乐媒体的形态是：书籍、报纸、杂志——声音播放器（收音机）——视频播放器（电视、电影）——多媒体终端（手机、电脑）——社交与互动（互联网），从印刷媒体向电子媒体过渡，呈现出信息容量的扩大化趋势。网络在娱乐媒体中的作用是整合性的，为所有的娱乐媒体提供了社会互动功能。在网络出现以前的娱乐互动，对于印刷媒体而言，它不是一种即时手段，无论是作者与读者之间，还是读者与印刷媒体提供的内容所构筑的精神空间之间的互动都是内化的、延时的；对于电波媒体而言，由于电信号的空间突破以及瞬时性，广播、电视可以借助电话等其他辅助媒介实现相对的社会互动，但只能是在一对一或一对多的小范围内传播；网络出现后改变的是媒介社会互动的范围，宏观社会互动可通过媒体实现。对于娱乐媒体，这种社会互动带来更多乐趣。与单机电子游戏相比，人机互动显然没有人人互动来得复杂和更多的不确定因素。鉴于娱乐本身是模拟冒险和寻求虚拟刺激，更多的不确定性带来的肾上激素水平必然更高。网络介入娱乐媒体后，娱乐媒体的本质没有改变，但在娱乐程度上抛离了过往的媒体，更容易导致沉迷和上瘾的"媒体沉溺症"。而虚拟现实对于"媒体沉溺"的推动恐怕是更上一层楼。不仅仅是虚拟现实的特征即具备"沉浸性"这一将"沉溺"可视化的因素，而且是虚拟现实在网络化和计算机程序辅助下营造的空间，不仅仅能模拟现实空间，更能营造非现实空间和想象空间。如果单纯考虑"沉浸"特征和"互动"特征，两者单独作用下，其精神刺激有限。我们以 iMax 影院为例，其属于有一定沉浸特征的媒体，但并不能带来沉溺；单机电子游戏为人机互动；网络游戏属于社会互动，其导致的沉溺一度成为社会话题，但并没有大规模影响力，影响人群范畴也集中在青少年群体。而当"沉浸"与"互动"相结合，所产生的却是"1+1>2"的效果。虚拟现实带来的互动和空间体验，在多大程度上推动媒体沉溺，效果难以估量。且不论虚拟现实相对电子游戏而言可以应用在现实世界而促使人类更多地使用虚拟现实装置；仅就虚拟现实对不同年龄人群的覆盖，就可以大于电子游戏以及影院等媒体之和。虚拟现实作为影响现实世界的工具，已经超出了纯娱乐的范畴，这是一个用户量级的飞跃；这种飞跃又带来其作为娱乐媒体的质的飞跃。

媒体在虚拟现实中的娱乐作用，已经互生为虚拟现实作为娱乐媒体的作用。

5. 教育市民大众

教育大众在社会现实中依赖媒体，虚拟现实的受众的教育依赖虚拟现实这一综合性媒体。虚拟现实的传播即到达性质，令教育的效率更高。另一方面，这种顺时性和普及性让个体的信息能力更强，更理性化，观点更多元化，因而虽然传播效率提升，但教育的效果，尤其是宣传性教化的效果容易出现不可预见性。这一点与互联网的趋势一致。此外，虚拟现实自有的特性也给大众教育提供了新的标准。沉浸空间可以为大众教化提供虚拟现场，复现场景，并提供感觉。在传统媒介中出现的新闻信息给受众带来的仅仅是观点和事实，属于低用户卷入程度。而感觉模拟带来高的参与感，原有的事实和信息得以活化。明朝朱元璋对贪官污吏实行剥皮实草，也就是将贪官处死后，剥皮塞上稻草，悬挂于公堂之侧，用以儆告后任官吏。如此酷刑仍无法根治贪腐，政治学家、史学界都有各自的研究。从传播学观点来解释，可以认为是媒体的传播力度、形象度和拟真度不足造成的。从传播力度而言，并非所有民众和官吏都能认知这一举措；从认知的深刻程度而言，文字和图像所描绘的残酷场景仅供人们想象，而无法形成直观认识。即使多媒体技术将音画结合，也难以达到感受层面。虚拟现实可通过对人感官的刺激或感觉数据再现，完全复制他人的感受，这在教育一般大众上可以达到极为深刻的效果。例如为教育行人遵守交规，可将在交通事故中，事故发生瞬间人的感受、丧失亲人后的心情等等向虚拟生存者传播，令其感同身受，那么接受"不能闯红灯"的信息必然也轻而易举了。

教育的本质从人类角度讲是对人类文明的延续之需，对个人而言教育则与自身生存利益密切相关。人类知识、经验的积累也即文明的成果实际上是各种各样的信息，这些信息存在于不同的、形形色色的媒体之上，随时供人存取阅读。从这个意义上说，媒体就是中介物，是信息的容器。虚拟现实本身是信息环境，建立于软硬件基础设施之上，在信息环境中留存的信息也无法脱离软硬件的制约。但在虚拟现实环境扩大化、普及化的趋势下，教育越来越成为虚拟现实系统中的信息交换，而非个体对实物媒体的取阅。虚拟现实对教育的意义在于效率，而非对其物质基础的革命。考虑到这种传播效率，人类对后代以及对当代人的教化都可以在瞬息之间完成——通过数据和电子交换的形式——只是教育的效果有所难料。在虚拟现实之下，人类的生存和硬件基础设施成为泾渭分明的两个层次，或曰前台与后台、不同的独立系统之间的参照物。我们研究虚拟现实作为媒介的内容，并不需要去研究容器。就像我们煮汤一样，煮何种汤，只要准备好所需食材，在微波炉、慢炖锅、电饭煲里都可以做，而不必去了解这些不同容器的制作工艺和流程和它们的行业特点。个人教育方面，虚拟现实提供的大规模数据库可以让个体轻松选择其知识结构。由于虚拟生存个体仍然受到硬件制约，其存储容量不能无限化，故在受教育内容和个体知识结构的方向性上有所取舍。但知识的学习效率必定是无限高于传统媒体构筑的信息环境的，因为信息的编码和译码过程在虚拟环境下被省略了。

6. 传递信息

自 1948 年由学者香农提出信息定义以来，并以"熵"的概念对信息进行了量化，信息论才正式成为一门科学。熵可以类比为概率问题，一般而言，当一种信息出现概率更高的时候，表明它被传播得更广泛，或者说，被引用的程度更高。传播学的确立早于信息概念的确立，但在信息概念确立后，传播概念的阐述就变得清晰和容易理解了。站在大众媒体的角度，传递信息似乎是它们"唯二"的表面功能（另一项是娱乐），其他的教育、引导等只是其传递信息的动机，是已经被人精神化和目的化的内容。对虚拟现实下的大众媒体之信息传递，核心的一点是传递的效率提升。这个效率并非主要由速度和广度带来（参见当今的互联网），而是由同一虚拟现实系统中，遵照同一系统规则的编码和译码功能的步骤简化而得来。因为在进入虚拟现实前，所有的编码译码协议和规则已经被默认为系统的框架结构。在虚拟现实中的个体实质上是被结构化和数字化的个体。这样的个体的沟通，在系统中的互动直接通过系统进行，在同一语境下进行。

在虚拟现实环境中，信息的传递除了通过虚拟现实这个系统媒体之外，还大量存在于虚拟个体之间，通过拟态进行传播。所谓拟态，是虚拟个体选择在虚拟环境中呈现的外部特征和内在精神状态，例如服装、个性等。这种拟态与现实中的本人可以相似，也可以完全不同、看不出任何关联。之所以称之为"拟态"，是基于人们选择虚拟生活一般而言是为了与现实生活区别、脱离现实，而非呼应现实。故此在虚拟环境中呈现的个体往往是一种"模拟"其他事物的状态即"拟态"。这种拟态一则对个体的意义而言是对自身现实的掩藏；二则个体可以选择性脱离虚拟现实的"传播即到达"的实用特征，即"慢需求"的一面——模拟现实中面对面或终端对终端（例如手机、电话、网络聊天）的景象进行沟通。正如我们今天的现实生活中，电话、短信、QQ等通信手段并存一样，效率并非沟通方式的唯一需求；成本、趣味性和沟通的非紧迫性都在影响媒体取舍。虚拟个体之间通过环境虚拟后，呈现出与现实中的原生个体不同的外部特征、价值取向，在虚拟个体之间的信息传递就不再如现实中那么小心翼翼、追求信息真实。也就是说，信息传播的失真更大——这种失真不是指信息从信源到信宿发生变化，而是信息并非现实。现实生活中人无法逃离肉体生活，而虚拟生存带来的是无限的想象空间，是脱离肉身的。这种情况无疑使得虚拟现实信息环境更脱离现实环境，尤其在精神层面更是如此。对于精神层面的生活而言，虚拟现实缔造的空间强调的是与现实空间的差异化，而非同一化；对于物质层面的生活而言，虚拟现实空间却要追求与现实的模拟。这是出于我们的精神与物质需要的不同。信息的传递也应注意区分这两种状态。普通人们在精神层面的信息传递中追求的乐趣与物质层面是不同的，或曰物质层面的信息传递本就不以"乐趣"为衡量，而是追求实用性和效率、便利。

7. 引导群众价值观

大众媒体代表公众意志权力，是集合利益的协调体现，在告诉一般市民大众"什么可以做、什么该做、什么不能做"的问题上拥有权威性。试想在大众媒体出现前，人们只能通过口耳相传和人际关系互动来展示社会价值观，对于正确的事情予以鼓励和认可，对于违背多数人观念的行为予以惩罚和斥责，这是一种主流价值的传递。以此来建立和继承可以为社会多数人认同的价值准则。在大众传播手段即印刷术出现后，对于价值观的引导成为了不仅仅是统治者的需要，也是一般大众利益均衡和社会稳定的需要。大众媒体对价值观的引导和传递一是在效率上得到提升，过去低效率的口耳相传、手抄书籍等方式可以转换为大规模机械和电子传播，其所承载的价值观渗透的宽度和深度都达到了新的水平；二是媒体变成了权威的公众立场的表征和具象化事物。价值观作为抽象概念，无法具象化，或曰具象化的公众性不足，例如孔子的儒道以其本人为形象，但却无法作为公众互动的场所存在。媒体则提供了公众意见交锋的平台，这对价值观的澄清和深入十分有效，而媒体本身也成了公众意见这一抽象概念的权威代表物和象征物。

不过，媒体的发达达到一定程度后，由于一般公众认识的提高（由社会发展、教育程度提高、信息传播技术普及带来），其对于价值观的传播往往具有先入为主和刻板印象的心理。即对自己原有的价值观的固化。价值观的多元化和快速递增，使得人们对信息爆炸下带来的冗余观念不自觉地产生厌烦心理，在潜意识中对已经存在的价值观则更为认同，对与原价值观相同的信息"强化性接受"，对与原价值观相斥的信息则"顺应性排斥"。虚拟现实媒体则加剧了这一倾向。

价值观引导在东西方社会有不同的定义。东方社会对价值观引导是推崇的，这与东方传统的集权主义有关；西方社会则不太愿意设立或宣导全社会一致的价值观——即使他们会去这样做。西方社会对多元和自由的推崇，导致对任何可能有宣传性质的信息传播过敏。在互联网时代，去中心化和草根化是谈论最多的时代特征，对于价值观的传递来说，互联网在效率上带来的作用反不及其对价值观的消解作用大。虚拟现实与互联网不同，作为一

106

种媒体，其传播即到达的特征和互动、沉浸的特征对于价值观的传递是一个优势。因为这个媒体的特征并不仅仅是消解中心，而在于另一个层面的强化中心，即强化的感性层面信息，通过互动和沉浸、现实模拟来辅助价值观信息的传播。而且由于这种对现实的信息增强，使得价值观的传播更为隐蔽，更像是发自受众内心的和来自受众自我体验的直接经验。

大众媒体的效果：虚拟现实中的大众媒体具有强力的传播效果，指的是传播即到达这一重要技术特征，在传播信息的深度和广度上都可以超越现有的传播媒体。但这一传播效果又受到权限和慢需求的制约。并非所有信息都能得到传播到每个虚拟个体的授权，也并非每个虚拟个体都希望能收到海量的信息洪流。只要受众有一定的主动权，虚拟现实作为媒体的传播效果必然受到一定影响。但这种影响，至少在技术层面上说，比其他现实世界媒体要强力得多。与当前的强势媒体互联网相比，虚拟现实可以说具备了报纸、杂志、广播、电视、网络的所有特点，因为在虚拟现实中任何媒体、甚至从来没有过的媒体都可以被创造和模拟出来，而且只要不是人为地限制这些虚拟媒体的功能的话，任何一个这种虚拟现实媒体都可以具备传播即到达的效果。

Virtual Reality

虚拟现实

新闻的变革

人们无时无刻不需要关注自身相关的各种信息，以指导自身的生活，获得自身利益，避免物质和精神损失，只是这种信息的范围根据个人的社会经济地位不同而有所区别。一个国家元首所关注的信息，与一个偏远村庄中的贫民所关注的信息，其范围必定有着天壤之别。前者所关注的信息从数量、深度、广度上必然会超过后者。对于有些人来说，信息的量与其社会交往活动的频繁程度正相关；而对于另外的一些人来说，其所关注的信息量却与其技术信息的深度有关，例如一个程序员、工程师、科学家等，他们的社会活动程度低，但其关注的信息量很大。这样来看的话，社会交往、自然环境和技术环境分别在不同层面可以决定个人信息关注的重点。新闻作为人类信息的集中体现和重要表征，也遵循了类似规则。

新闻是经过筛选的信息，由专业机构对人类日常生活中大多数人可能会关心的话题进行判断、挑选和呈现（这种挑选有时是主观的或是趋利性的）。呈现的方式可以是文字（报纸新闻）、影像（电视新闻）或多种方式的结合（互联网新闻）。人类需要新闻，因为新闻是人行动的指南，作为信息世界中的生物，如果没有新闻获取，人可能会有一种与世隔绝的恐慌心理。在大规模的新闻传播活动出现以前，人们以群居的方式生活，其活动的范围，包括媒体的延伸都极其有限，但每个人都是公平地在一个小范围内迅速地接收信息，反馈行动。但随着新闻传播的工业化，以及交通工具、通信网络的成形，人的活动范围变大，并通过媒体获得了延伸的能力，这时候人们在信息获取能力上的差别变得明显起来，这种差别使得以新闻为代表的信息成为一种具有经济意义和社群地位的资源。在信息洪流的簇拥下，不获取新闻的人，无法融入社会，也难以获取更多的资源以资生存。

虚拟现实生存者，仍然需要新闻作为生存和活动的依据，因为虚拟生存仍然是基于硬件基础设施的生存，现实客观世界的一举一动，都会或多或少地影响到虚拟生存的状态，与虚拟生存者利益相关；此外虚拟世界本身的新闻也密切影响着虚拟生存者的日常利益。新闻的本质——重要的日常信息——不会改变，但随着人类生存方式从现实向虚拟的革命性变化，新闻的形态和特点都会出现许多的不同。

新闻的定义和虚拟现实下的新闻：以人为信源

我国的报纸编辑陆定一于 20 世纪 40 年代提出一个著名的定义："新闻……，就是新近发生事实的报道。"著名新闻记者范长江对新闻下的定义则是："新闻就是广大群众欲知、应知、而未知的重要事实。"这是从正面对新闻的定义，即认可其作为信息对人类生活的重要性。虚拟现实之下，人们之间的信息沟通速度到达最快，"传播即到达"是虚拟现实的信息覆盖能力、速度能力的最佳描述。从这个角度讲，虚拟现实中并不需要更快的新闻，而是更不一样的新闻。即新闻的是否"新"似乎已经不成为太大的问题；关键在于是否"闻"。新闻的来源和编辑、加工使得新闻可以呈现出不一样的潜台词和利益倾向。人类历史对于新闻网络的构建，经历了由慢到快的一个漫长过程。从最早的无交通工具的口耳相传；到交通工具出现后的书信传递；再到电波和电报的无线传输。最早的无交通工具时代，人们就有固定的场所进行聚集，分享故事、交换最新发生的、令人感兴趣的信息。考古学者们通过一系列的证据，确认了在古代一些地方的当地人会向旅行者询问他们旅行途中的见闻，并把这种询问作为十分重要的事项（Stephens, *History of News* [1988], pp. 14, 305. 转载自 wiki "news" 条目）。可见，人类对新闻活动的需求几乎是与生俱来的。新闻的定义也紧密地和人们的生活联系在一起——以人类的生活为重要的参照来定义的信息，即为新闻。

　　在非正式的新闻定义中，也有人认为，新闻就是新闻机构所提供给受众的信息。这个定义侧重于受众在传统大众传媒面前的无力和被动性。因为，对于专业的新闻机构来说，只有它们才能为人们提供准确的、专业的、新发生的遥远的事实。个人的能力无论如何无法和专业的新闻组织相比，例如，个人无法去购买昂贵的电报发射机和卫星电话。所以，新闻机构在每天这个世界发生的无数事实中挑选一小部分信息传递给受众，受众也只能知道新闻机构所提供的这部分信息，这种"新闻"实质并不是当天所有信息的全部，甚至连大部分都算不上，只是极小量的一点，是被过滤的信息。这个新闻定义的价值在于提醒我们，不要轻易沉溺于媒体营造的信息环境中，应具备独立思考的人类固有能力。在虚拟现实中，"传播即到达"在一定程度上宣告了这个定义的死亡。因为，新媒体信息的来源多样化，传播瞬时化，个体传播能力已经不弱于专业的新闻机构，这在当前的互联网传播中已有体现。例如近几年来发生的维基解密、斯诺登事件，都由个人信源借助互联网等新媒体进行传播，而且新闻发酵的速度惊人，事件迅速成为世界性的爆炸消息，这都是对传统新闻机构的挑战。在虚拟现实环境中，个人本来就以信息为生存环境基础，这种对信息的强烈依赖使得个体对新闻的定义将不仅仅限于新闻专业机构的"供给品"，生活的内容本身就是寻求更多样、更受限的信息之过程。虚拟个体更有可能的是对个体传播的来源更为敏感和多样，这也是个体独立性的增强体现。

新闻与宣传、舆论：虚拟现实的效率与现实行动

新闻与宣传、舆论既有联系也有区别。宣传是出于某种特定目的的信息公关行为，以获取受众对某一主要观点的赞同和支持为目的的活动，虽然也是信息的传播行为，但其并非作为公益性的信息出现，而是选择有利于宣传目的的信息和数据进行传播，是一种偏向的传播，并不一定带有公益性，往往只代表个人或个别团体的利益或观念。虚拟现实中的宣传效率更高，而且渠道更为单一。比较现实世界中的传播媒体，包括大众媒体和各类广告媒介通过文字、语言、图像、声音等进行传播，虚拟现实中的传播途径为纯电子的传播，只要具备传播的可能，信息都是即达的。这意味着宣传到达更快，宣传效率更高。正如前述，虚拟现实中的信息的快慢不再具有信息本身的意义，只有权限才是信息区别的本质。"慢"作为信息接收者的主动选择，只具有娱乐性质和精神属性的作用。宣传的范围更广、速度更快，但受众的信源也更广，选择接受的余地也更大。观点的变化更快，达成一致或发生冲突的速度也更快。如果我们把信息的传播结果与个体实际行为对立起来，即信息的传播本身不作为行动，行动只是信息传播的后果。那么传播本身不会对现实有实质影响，只有信息传播导致的最终观点的一致或破裂，才可能导致行动，才能引发对现实的影响。即信息的传播结果有两种可能，和谐一致，或彻底对立。在没有新的证据、数据、事实被发现、纳入传播体系时，和谐的

传播结果代表了社会的正向发展；对立的结果则需要现实冲突方能解决。

舆论是指在大众传播媒体营造的信息环境中，以一部分人赞同或支持某种观念为基础构筑的群体意识，表现为某种理念或价值观下的多种言论形式。简单说就是，群体观念在公共空间的表达。舆论并不一定是理性的，但却往往带有政治、宗教或文化倾向，一般而言，在自由市场和成熟社会里，公共舆论可以有效地维护社会的稳定，起到维护公众良俗和社会道德规范的作用。传媒是构筑公共舆论的物质平台之一，是公共舆论存在的物质基础和形式。无论是精英阶层还是平民阶层，无论所处的阶级、代表的党派，都可以在大众传媒这一公众平台上或多或少地发出自己的声音，表达对事件的看法，这种集合的意见互动，最终在意见合一的结果下构成了公共舆论。反过来，公共舆论一旦成立，就成为社会的主流民意——或以传播学中"沉默的螺旋"理论解释——成为社会中被默认的正确意见。在现实的大众媒体中，媒体由专业传媒机构使用大量的资源设立，通过长时间运转才能获得一定的社会地位，这种社会地位以发行量、收视率、浏览量等为数字标准。而且一旦这种标准确立，在一定时间内可以维持很久。对于个体传播者而言，无法投入资源来建设自身的话语权。在互联网时代，这种情况随着网络传播的兴起得到了改观，草根博主、明星大 V 微博等一大批自媒体使少数个体传播力量开始超越媒体，受众的理性提高也相对地削弱了传统大众传媒的可信度。从传播角度而言，虽然并不能说个人已经超越媒体的传播力量，但至少个人传播的力量大大强化了。在虚拟现实社会，个人的传播速度比对互联网而言又更进一步；个人的多元化和理性化乃至对权威的漠视也更甚。任何虚拟生存个体的信息渠道不再局限于大众传媒，也就意味着一直以来依靠传媒上的权威声音塑造的"舆论"力量在减弱，而公众合意和以个人社交关系网络为纽带的人际圈子传播在增强。某种意义上说，人们回归了部落式的思考，人们具备了更深远的延伸能力，信息量的增大，反而使人们更重视自身所属群体的地位和归属感。这就让以人际圈为中心的传播取代了舆论，成为虚拟现实的舆论特征。当然，舆论仍然存在于虚拟现实社会，但只有少数的核心价值和社会公认的一些本质价值存在。很多非核心的舆论只能存在于不同的人际圈子中。

新媒体和新闻

媒体的属性很大程度上影响着新闻的属性。古代的人们通过对旅行者的问询获取新闻；稍后的书籍主要传递文化内容，但也有少量的各地方事件介绍，在传播技术并不发达的古代，这种"未闻"的事实——虽然严格来说是"旧闻"——对于人们而言也具有新闻的性质；铅活字印刷发明后，大规模的传播成为现实，加之交通工具的发达，印刷好的书籍、广告单等，通过运输网络达到了世界各地，从而为各地的人们带去新闻；从泛媒介论的角度，铅活字、印刷工具、交通工具都属于媒介，是作为人的感官和知觉的延伸而存在的，人通过这样的延伸，触摸到了遥远的现实，感知到了信息。从平面印刷媒体到电波媒体，又是一个飞跃。电波媒体的瞬间传播性（这种传播其实并未到达全部的最终受众，限于技术和成本，以电视和广播为代表的电波媒体的普及率无法到达每一个受众）对新闻事业而言，将媒介这个人的延伸的效率大大提高，人"触摸"到远方的事实的速度更快了。在数码相机和互联网出现以前，奥运会的体育新闻照片传递到另一个大洲的人手中的报纸上，已经是 3 天以后的事了；而数码相机和互联网使这个过程缩短为半天以内。任何新媒体的出现，实质上都在不断逼近"新闻"一词中"新"的极限，即时间的极限。对于新闻的受众极限，地理位置的全面覆盖性而言，却相对进步不大。虚拟现实空间则开启了这一扇大门：存在于虚拟现实空间中的个体，由于是建立在复杂的系统之上的电子和数字传播，除了"传播即到达"这一对于新闻延时的终极化之外，对于系统之内的每个受众都实现了覆盖的可能，而不论这个受众是否具有技术门槛或经济门槛（实质上这个门槛并没有消失，而是已经前置为系统的基本权限）。也即是说，"闻"的门槛被虚拟现实彻底跨越。凡是在虚拟现实系统中的虚拟个体，只要有权限，任何新闻的接收到达时间是一样的，这就彻底缩短了信息鸿沟中由于个体信息能力造成的差异。但这并不意味着受众完全平等。新闻能否被受众获

117

取，还取决于受众是否具有获取相应新闻的权限。例如，当某个新闻媒体是内容收费制，或会员制时，是否订购了相应服务，就成为新闻获取的权限差别了。虚拟现实中的慢媒体也可以传递新闻，但其内容并不以新闻为主，而是以娱乐和个性化信息为主。慢媒体是特意放慢信息的传播速度，在不同情境下为虚拟生存个体提供非新闻信息。因为慢媒体的慢与新闻的新是一对矛盾，慢媒体的主要优势是传递感情性、娱乐性、实用性的信息。虚拟现实中的媒体由于可以呈现为各种形态，包括现实中存在的媒体；以及现实中不存在的媒体。因此在虚拟现实环境下谈论媒体形态是一件困难的事情。他们都是拟态的媒体，可以变形、消失、更新；这种媒体不能用现实世界中的媒体眼光去看待。我们只能从他们的权限、快慢等角度去分类。

新闻媒介的性质

新闻媒介是及时地、真实地反映现实变动的大众媒体的统称，具有工具性，属于上层建筑，其生产的属于精神内容而非物质产品，作为影响人类生活的重要组织机构和传播载体，其并不具备强制力，而是通过引起讨论、营造舆论，使社会中生存的个体感受到社会压力，传递价值观，控制和协调社会。新闻媒介糅杂了多种意识形态，作为一种组织机构而言，其以采集和传递新闻为主要职责。作为一种媒介形式而言，可分为不同媒介，如电视报纸等。新闻媒介的性质最主要的是公益性和商业性。

所谓公益性，是新闻媒体所无法自我排除的一种为社会大众提供有益、真实、实用信息的特征。这是由新闻媒体的公众特征决定的，是由其传播的广泛性所决定的。正如一个公众人物必须表现出正面形象一样，凡具有公众属性的事物，必然带有公益特征。

所谓商业性，是新闻媒体为了在自由市场中生存，必须最大程度地吸引受众，一方面，更大的受众面赋予了新闻媒体更大的影响力；另一方面，更大的受众面即发行量或收视率可以带来更高的广告收入。在自由市场中，媒体的生存完全取决于其是否能获得受众认可，即精神产品的消费者的认可。

在虚拟现实中，新闻媒介的这两种关键性质不会改变。虚拟现实传播的即时和普及，增强了新闻媒介的公众性，虽然个人信源更为广泛、多样、个性化，但新闻媒体组织必定在专业性上更胜一筹，尤其是在非保密内容的解读、阐释方面，人们主要仍依赖于新闻媒体的信源。但新闻媒体为维持其运转，又不得不追求盈利。即使虚拟现实媒介，也是基于一定的物质条件而来，这些物质条件的建立和维护，以及人力的必须，使得虚拟现实媒介在新闻的公正、客观的基本要求下，在不歪曲新闻事实和偏向广告主利益的前提下，仍须通过广告等手段谋取利益。唯一的问题是，虚拟生存个体对于物质的要求在减退，未来的虚拟现实广告主中，物质产品的广告主将减少，而精神内容的广告主将增多。另外，与现实媒体一样，虚拟现实新闻媒体也可以通过出售内容来获取利益，即订阅费或会员费。在提高新闻生产质量、产生一定差异化、保证物有所值的前提下，特殊的、有深度的、价值独特的新闻内容也可以收获一部分付费用户。如何保证新闻媒介的双重属性之间互不干扰，同时和谐存在，永远是新闻媒体不可避免的问题。

新闻的功能和效果

新闻的功能是为人类生活提供有关所处环境的变动信息，为人们的行动提供决策参考。新闻传递的一直是重要的事实，大量的新闻和信息构成了今天我们所处的拟态环境，我们判断事实是基于这个信息环境，而非客观环境。信息环境并不能完全真实地反映客观环境，这是我们判断失误的根源之一。当今的新闻是新闻专业机构所选择和编辑的新闻，个人的信息来源虽然有所突破，但还是极其有限的。人们之间通过各种通信工具所进行的社交活动中，新闻信息的交换只占一小部分，占主要地位的仍然是社交传播，即日常问候、个人事件信息交换，并不是真正的新闻，新闻应具有公开性，是大众都关心的日常生活的一部分。当我们在日常生活中代入了太多的公开信息，就会导致类似"阿斯伯格综合征"这样可笑的现象。从狭义上说，新闻是人类生活的指南，但却不是人类交往的内容；人类交往的内容只是社交和人际传播。

120

如果将新闻的性质视为"公"，则个人社交内容为"私"，两者的范畴虽然有所重合和制约，但本质不同。

新闻在传播客观环境变动信息的同时，也在传播价值观。价值观作为公德，通过大众媒体的传播，造成舆论压力，可以影响私德的形成。例如新闻对中国游客在外国旅游的一系列不文明行为进行报道，客观上会对受众"如何正确规范旅游举止"有所帮助，这种对自我的约束和规范是新闻媒体所作的价值观判断形成的，尽管有时候仅仅是文化冲突，却需要新闻的调和与告知功能辅以普及，例如中国人习惯在公众场合大声说笑，这在本土文化中是热闹和自由的象征，但在很多外国地区却被视为不文明和影响他人。新闻报道这些琐碎的细节，实际上就是对受众的一种文化调和。

虚拟现实中的新闻同样具备以上两种功能，与现实所不同的是其传播的方式和内容改变了，而非新闻的本质改变。虚拟现实中新闻所反映的客观包括两部分，一是现实世界的物质客观，二是虚拟现实环境的信息客观。在真实世界中，人们生活在拟态的信息环境中，理论上信息环境应该基于现实，但实质上无法达到；在虚拟现实中，人们生活的信息环境就是现实本身。虚拟现实并非反映真实世界的信息环境，而是独立于现实世界的另一空间，其反映仅仅的是其本身——尽管其存在依赖于现实世界。这种基于现实却又独立于现实的性质，体现在虚拟现实新闻上，呈现为内容的交叉混杂性和自我独立性。即虚拟现实的新闻提供的内容为大多数虚拟生存个体所关注的虚拟现实环境的变化，也存在部分真实世界的变化信息。

新闻市场运行

新闻的诞生源于人们对信息的需求。为获得更多、更快、更有用的信息，技术和设备必不可少。作为人的延伸，技术设备在很大程度上扩大了人们获得更多更快新闻的能力。随着资本主义的兴起，获取新闻并出售成为一项可盈利的产业。即具有技术设备和金钱雇佣的记者等人财物力后，新闻机构的信息能力提升，可获得比非专业组织和个人更多、更快和更有用的新闻，这些新闻对于人的日常生活可以起到提示和告知、教育和娱乐的作用。此外，通信能力和交通工具的发展一脉相承，如果人们不具有快速的交通能力，无法涉及遥远的事务，则新闻仅具有娱乐和教化价值；当交通网络建设完善后，物流的快速发展使得信息流动的速度必须跟上。如此新闻也就具有了经济意义。新闻的经济价值确立后，新闻方可真正被称为"产业"，新闻所承载的内容超越了个人生活的空间，成为联系社会经济和生活的不可见的网络。人们在新闻所构筑的信息环境中互动，并对现实形成影响。新闻机构可以类比为新闻工厂，记者则是工人，投资新闻机构的资本家与投资实业的资本家并没有本质的不同。资本主义体制下，以经济为核心的运行机制保证任何事物的出现都是因为其有用性，而非其公益性。虽然对于新闻的公益性必须有宪法和法律的保障，但新闻产业出现，并非是公益的需要而是人的需求和资本逐利的结果。

新闻行业运作的基本路径是，以人为信源的收集者和发布者，在报业来说就是记者和编辑。以记者而言，他们最初受雇于报纸，只为特定报纸提供新闻。后来逐渐出现了专业的新闻机构即通信社，自身不创设报刊，只以报道为己任的记者联合体。记者群体成为独立的新闻机构后，新闻机构对新闻的报道、采用成为新闻的最主要信息来源，再加上独立记者、个人信源（通信员）等组成团队，这个团队又遍布在世界各地，不同的新闻机构之间也互通有无，构成一个庞大的信息交换网络。这个网络每日发布的新闻就是我们的新闻业的信息环境。这个环境每天都发生着变动，反映着客观世界。从理论上说，由于每天全球的新闻的数量是固定的，每个生活在这个地球上的人所获知的信息应该是一致的。但由于 A. 编辑选择不同，B. 每一条新闻无法到达每一个人，以及 C. 人的时间有限、记忆容量有限，导致了每个人选择获取的新闻环境不同，人们的行为也无法全然统一在公开透明的信息环境下。

新闻行业所制造的产品由报社选用，然后印刷于报纸；或由互联网站选用，刊登于网站上；或由电视台播送。受众也可视为消费者，大部分以免费，少部分以付费的方式来获取新闻内容。这里面新闻的生成和销售完全符合市场经济的原则。

虚拟现实中的受众在新闻获取能力上更依赖于个人信源，因为虚拟现实中的信息传播速度和范围都超越了现实世界，是基于系统瞬间传播到达的，因此，虚拟现实中专业的新闻机构在信息获取的效率方面与普通受众并无区别。试想，当一个新闻在虚拟现实中发生，其立刻通过虚拟个体传播到另一个虚拟个体，这个过程是完全数据化和电子化的，只相当于在虚拟现实的存储设备中进行了一次内部交换，传者和受众双方都是基于系统的结构化的个体，这种传播也是结构化的信息。这其中没有虚拟现实新闻机构的介入。在现实中，一个发生在美国的新闻，要令身处上海的一个白领知悉，就要通过大众传媒或自媒体中的任何一个渠道，例如互联网站的头条刊登、晨报报道、微博转发等方式才能实现。虽然新闻本身发生了，但由于信息与现实世界之间存在本质差异，这种传播过程实质上是信息向现实进行编码、译码的转换过程。这一过程是：现实事件发生——由新闻机构报道为信息——转换为现实媒介——受众阅读媒介。而在虚拟现实中，这个过程则变为：事件发生——个体传播——另一个体接收。互联网中的"自媒体"虽然也是个体传播，但事件发生与个体传播之间仍然存在编码和媒体化的过程——个体在获取新闻信息后需要将其转换为网络微博、手机短信等其他媒体。在虚拟现实中，这个编码过程可以被忽略，只有基于计算机系统的虚拟生存个体之间的数据化交换过程，这个过程是瞬时的。

但是，由于个人信源的信息往往是碎片式的，不可能构成深入报道，故此虚拟现实的新闻组织仍然有其重要地位。新闻机构生产的新闻，更具有专业性和深度。例如，个人信源只能发布一条诸如"某某企业面临资金流动困难，即将宣布破产"的微博，而新闻组织却能通过其固有的资源，对企业资金流动困难的来龙去脉进行细细的挖掘式报道，对企业破产可能引发的连锁反应进行预测，并对相关利益各方进行采访，充分进行全景式的展现，新闻背景、新闻分析、事件预测等都是新闻机构专业性的体现。尤其对于新闻采访机构而言，其被赋予的特殊的采访权、与各行业的关系信源，都是个体信源无法比拟的。在虚拟现实中，新闻机构的专业新闻、与虚拟个体产生的信息，几乎都可以在新闻或信息产生的同时，大规模传达到虚拟生存个体当中，获得对环境的统一认识。虚拟现实环境中，只有"知"和"不知"的区别，而没有"先知"和"后知"的区别——除非个体选择性地排斥掉某种信息。假如说，虚拟现实中有 N 个个体，一条新闻传递到了 M 个个体中，$N>M$，则剩余的（$N-M$）个体是事先选择过滤了这一"类"新闻，而不再得知这一条新闻。对于 M 个个体而言，没有主动排斥这条新闻，他们接收到这条新闻的时间是同时的。在现实世界中，即使新闻机构向个体推送新闻，也存在个体接收的先后差别，终端（如手机）的速度等因素影响；在虚拟现实中，信息受众的终端融汇于虚拟生存的数据化本身，故不存在此种影响。

新闻的受众

一般而言，新闻的受众是不特定的人群，即任何人都有获得新近发生事实的需要。但不同类别的新闻受众存在不同特征。如娱乐新闻的受众可能偏向年轻化、低学历；财经新闻的受众可能偏向收入高群体等。虚拟现实中的受众，物质需求减少，与物质需求相关的信息内容的需求也减少，尤其是实现完全虚拟生存的个体。例如对食品安全的新闻，由于完全虚拟生存等于纯数字化的存在，已经不需要饮食来维持生命，对食品安全的新闻也就可以完全不关心。对于非完全虚拟生存的个体来说，虽然食品安全的问题还不能完全忽略，但进食过程简单化，享用食物带来的愉悦性减少，对食品安全相关的新闻的关注也就居于次要了。可以推想，新闻的本质不会改变，但随着人类社会生活方式的变化，新闻的结构，即各领域内容的比例会发生变化。

虚拟生存的个体差异主要是信息获取权限的差异。外形上的差异在虚拟信息环境下并不是本质的东西，信息环境中的形态可以随心所欲地改变，现实环境中的虚拟个体存在的空间却无法随意变化——例如虚拟个体在现实世界的容器——容器本身可以决定虚拟生存个体的生存寿命，甚至信息获取的权限等，也是至关重要的一个存在——除非虚拟生存个体获得了一定的权限，可以在多个容器中备份复制自身，在这个意义下容器的数量可能增加、备份的数量可能趋于无限。虚拟生存个体在生存方式上的差异并没有现实生存那么大——因其均需基于虚拟现实系统，是系统规范和结构化下的、具有自主意识的个人选择的民主空间。这种生存方式的趋近，使虚拟现实新闻具有一定的同质性，现实空间中不同阶层的群体所关心的新闻不同，新闻必须呈现出一种"万花筒"式的特征，以满足不特定受众的新闻需要。而虚拟现实世界中的生存基础基本一致，对于生存领域的信息关注度比较统一；对于精神领域的内容的关注则多元分化。说到底，虚拟生存是围绕精神为核心的生存。

新闻生产与新闻选择

新闻生产在现实社会中存在几个步骤：素材转化为新闻、编辑采集过滤、印刷（或刊播），以及发行（销售）等。虚拟现实的新闻报道的事件可能发生于真实世界，也可能发生于虚拟世界。真实世界的新闻要在虚拟现实中传播，必须在虚拟世界寻找到"入点"，即第一个获取这一新闻的虚拟个体。有了这个点，才能使新闻流转。这个流转需要的过程是极短的，相对于现实世界的新闻流转过程，几乎是瞬间完成。但一个"点"的信源仍必不可少。不过，虚拟现实世界本身的新闻在虚拟现实中传播，则是事实本身的发生和个体作为事实的一部分的自行传播来构成。虚拟现实中的新闻组织仍然可以挖掘素材和话题制作以及炒作新闻，但素材转化为新闻的过程缩短了，新闻编辑对新闻的采集和过滤过程也相对简化。但由于虚拟生存的个体依旧需要"思考"新闻语言的组织、新闻政策、社会道德伦理、真实性复核等问题，这些相对复杂的数据处理过程，可能占用一个相对于现实生活中的新闻来说较为短、但在虚拟现实世界中不可忽略的时间，例如几分钟或几个小时。也就是说，计算机辅助下的智能化在面临以上事务时仍需个体的主观判断作为主要标准，这是人工智能无法精确完成的。

新闻选择是指记者在所属大众媒介的时空限制条件下，对可以刊发但尚未刊发的新闻进行取舍，以便在有限的版面和时段里使新闻的注意力价值最大。这个世界每天可供刊发的新闻总量是有限的，但传统的新闻媒体由于物质本体的原因，受到其物理属性的限制，在版面、时间上总是有限的，或者有所优先、有所舍弃的。同时另一方面，受众所能接收的新闻在特定时间和个体记忆中也是有限的。因此，无论从传者还是从受者两方面来说，新闻选择都是必须。但在虚拟现实空间中，这种限制消失了。一方面，新闻媒介脱离了物质属性的限制，仅以数据和字节来计算，其并不占用物理空间；另一方，新闻的读者们也部分或全部脱离了物质肉体的限制，在接收和存储、阅读新闻的手段上也实现了纯数据化，并借助人工智能对新闻进行自主筛选。对于传受双方，不再需要担心新闻的量的问题（何况每天新闻的量是有限的）。因此新闻选择的重要性降低了。但新闻选择并不会消失。因为在一个信息高度冗余的空间内，对信息的过滤和精简仍然是有价值的。

对于新闻消费者来说，虚拟个体作为新闻的受众，在接收新闻的过程中可高度自定义新闻，通过大数据的过滤，只显示自身最为关心的领域。而在现实生存中，新闻更多的出现为通用性的泛化新闻，是编辑的选择。虚拟现实的新闻受众，在现实中的社会经济特征消失，如年龄、性别、收入、受教育程度等，在虚拟现实中不再呈现，取代之的是其在虚拟现实中的身份。当这种身份与其在现实中的身份存在差异时，作为新闻受众的他们在新闻选择上呈现出与虚拟现实身份不同的对应关系。例如，在虚拟现实中作为一个 10 岁小女孩的角色，其关注的现实新闻可能是财经和军事，因为其在现实世界中的身份是一个 30 岁的职业男性。虚拟现实世界的角色要求他在扮演这个女孩的同时关注虚拟现实中与该角色相关联的内容。当虚拟现实生活的比例大于现实生活时，虚拟角色的信息环境显然要比真实大，也更重要。虽然我们不能说受众的真实身份已经消失，但虚拟身份的信息重要性已大于真实身份的信息重要性。在新闻选择上看，真实身份的相关信息反而会降低到一个次要地位。

沉浸式新闻

沉浸式新闻（Immersive journalism）是虚拟现实范畴内的一个新兴领域，就是以第一人称的视角进行新闻报道或是播放纪录片，它使用了 3D 游戏和虚拟现实技术给使用者创造了一种"存在感"，能够使其亲身经历事件发生的过程。

2014 年洛杉矶独立游戏展 IndieCade 上首次出现了沉浸式新闻软硬件综合系统，此系统由一个记者团队开发，项目名为"Use of Force"，即"武力使用"，其展示的新闻案例为 2010 年美国边境巡逻队开枪杀死墨西哥非法移民的事件。如下图 [①]：

在这个虚拟现实新闻事件中，受众需戴上虚拟现实设备，即头戴式显示器来目睹整个事件发生的过程，并手持一个虚拟手机对新闻事件进行 60 秒的手机录像以增强目击体验。

客观地说，这个案例展示的沉浸式新闻所构建的新闻场景是 3D、CG 技术的结合，这个技术早已普及。但将其同时应用于"新闻"和"虚拟现实"领域，则是一种思路上的创新。通常人们玩 3D 游戏是通过电脑屏幕，当加入虚拟现实设备后便有了沉浸感；

---

① http://www.gdi.com.cn/?p=3486.

但将其应用到新闻现场，重现新近发生的社会事件，则可以给人一种接近新闻现场的感受，提高了新闻的冲击力，使目击者受到震撼，从而对事件本身的态度得到强化，提升了新闻的社会价值观传播。同时，对新闻现场的沉浸式体验，可以有效地排除以文字和平面影像带来的扭曲，更为精确地还原事实本身，接近新闻的本质。就文字新闻而言，记者在报道新闻的时候，使用的语言文字描述容易带有自身的习惯或倾向性，包括文字语言可能带有的歧义、多义，以及作为受众对同一词、同一句的不同理解，即使这种对同一文字描述的理解的差异非常微弱，但也可能造成最终理解和受众意见的完全不同。电视新闻虽以图像和声音为基础，消除了这种语义上的差异，但电视新闻的剪辑本身也是对事件的价值观的体现。对不同镜头的组接方式以及先后顺序，也可能参杂有新闻编辑的主观态度。另外，电视新闻对突发事件的报道往往是在事件发生后的补充报道，如果突发事件持续时间非常短暂，则无法及时在事件发生时进行纪录。虚拟现实新闻则为人们提供了复原新闻场景的重要功能，这一点是电视新闻无法企及的。而且虚拟现实新闻不存在镜头组接的问题，这就可以排除新闻记者和编辑的主观介入。

然而，虚拟现实新闻也存在局限性：第一是拟真度尚需提升，而提升拟真度的代价是软件和硬件以及新闻制作的成本。从上图我们可以看到，当前的虚拟现实新闻所构造的三维世界还是比较粗糙的，与好莱坞电影中几乎可以以假乱真的三维特效场景无法相比。这是由于成本的原因造成的，单个新闻报道的成本不可能与好莱坞电影动辄上千万美金的影视特效投资相比。电影是大投入、高风险、高回报，其商业模式与新闻报道完全不同。新闻报道通过内容的新颖性、真实性和可读性来吸引读者，而且需要保持新闻媒体的长期连续的报道质量，才能获得长期的发行量，短期和孤立的优质新闻报道并不能给新闻媒体带来巨额利润。新闻媒体并不通过单个新闻来盈利。因此，不像电影工业里的单独作品即可能获得巨大收益，新闻媒体不可能在单个的新闻事件中投入太多成本去还原新闻的细节，这也就造成了虚拟现实新闻在模拟重现真实场景时，只能在有限的技术和成本之下完成，虚拟新闻受众无法完全获得与现实目击者完全一样的视角感受，其体验不能完全等同于现实的新闻事件目击，而只能是一种对已经发生过的事件的感受性的体验。另外，细节的缺失也影响到新闻事件信息的准确性（尽管这种准确性比起文字媒体要高）。

虚拟现实新闻的第二个局限性是：直播性不强。其以时间为逻辑，同时需要转换空间感觉，受众信息接收需完整时长。类似于电视新闻和广播新闻，虚拟现实新闻要求占用受众的固定时间段来"目击"整个新闻发生的过程，但又不同于直播式电视新闻和广播新闻，虚拟现实新闻可以分段观看，即受众可以选择观看一半，另择时间观看另一半（注：互动电视新闻也具有类似功能），但一次性向受众传播完成的效果更好。无论何种新闻，事实发生与新闻播出之间的时间差距是必然存在的，但电视新闻直播的特性可以增加现场感,尤其对突发新闻可以现场直播,因为电视新闻只需对视觉进行编码;而虚拟现实新闻必须对视觉和感觉同时进行编码,以构筑虚拟空间感,因此在直播性上无法企及电视新闻和广播新闻。当前的电视直播(不仅仅是新闻)转换为虚拟现实中的播放内容在技术上并不复杂,只需将 2D 画面转换为可用于虚拟现实设备中播放的"左右眼"格式即可。但这种技术带来的互动性不强,观众只能观看而不能与环境互动,与前述的"武力使用"新闻项目所采用的 3D 建模方式不同。

虚拟现实新闻的第三个局限性是:只适合体验短小新闻事件,无法全景式和深度描述新闻事件。文字新闻可以用抽象的方式概括事件,最适宜全景式地展示事件背景和深度,尤其对复杂的、调查式的大型报道有充分的把控力,受众可以在短时间内获得新闻结论,只需浏览阅读,因为文字新闻的物理特征是占用极少量的空间,这也是文字新闻的最大优势。电视新闻和广播新闻基于时间长度,需要线性时间成本,除了深度报道,大部分电视新闻持续时间为数分钟。但长篇报道也是可以的——电视新闻报道可以通过镜头语言的组接,构造有吸引力的内容,例如制造悬念,解密,制造冲突,背景分析解读——在不违反真实性的原则下,电视新闻策划可以使用电视语言,构成画面之外的内容,使得整个新闻事件得到充分的梳理和多角度的分析。而对虚拟现实新闻而言,这一切都不太可能实现,或者说虚拟现实新闻的重点不在于此。虚拟现实新闻只能构成新闻现场让受众亲身体验新闻发生,而不能构筑一个对新闻事件的抽象解读，也即无法超越新闻事实本身。虚拟现实新闻是对具象化（包括时间、空间）的模拟，而非对意义的模拟。虚拟现实新闻不可能构造一个专家解读新闻的场景——这是电视新闻中常用的深度报道方式之一，但对虚拟现实体验来说，这个场景虽然可以构筑，但是没有必要和意义，因为解读意义并非虚拟现实的重点，呈现和体验事实才是。

那么，虚拟现实新闻的意义何在？应该说，相较于其他类型的媒体新闻，其具有不同的特点。这些特点是任何其他媒体新闻无法实现的，虚拟现实新闻的"体验新闻"方式可以作为其他传统新闻类型的补充。这些特点包括：

1. 受众不再是被动地接收新闻，而是主动地体验新闻。与传统的新闻接收方式不同，虚拟现实新闻不再是受众消极地阅读已经编排好的文字或是收看已经组接好的电视画面，而是主动地选择进入新闻事件，以一种旁观者、目击者和参与者的身份接收新闻带来的冲击性和震撼性。这有两个重大意义：一是不再接收二手新闻信息。传统的新闻理论认为，记者和编辑等传媒机构人员是"把关人"和"守门员"，通过选择性报道以及带有倾向性的语言、镜头等手段在新闻中植入了价值观和倾向性，这种新闻信息实质上是二手的信息。虚拟现实新闻则从根本上改变了这一局面，受众不再满足于听取他人的转述，而是亲身去体验新闻事实，获得基于事实的对新闻事件的理解。这又进一步带来了个人价值的分散化和多元化，削弱了传媒的力量，降低了精英们对社会意义阐释的权力。二是新闻接收的目标从背景、意义等转入表象化，单纯的事实体验虽然减少了误导，但也使得新闻肤浅化。理性的人应该知道，任何事件背后都有更为宏观的、复杂的社会关系网络和动机推动，但虚拟现实新闻仅呈现某一个"点"，而非"线"和"面"。从好的一面来看，它排除了新闻媒体机构作为中介对事件意义的附加说明，可以让受众对事件的反应具有更高的自我掌控权力，新闻意义的扭曲将降低；从负面来看，只看到孤立事件的表面过程，而不去深究背后的动机和意义，这样的民众更容易被煽动，极端情况下可能导致更为混乱的社会管理问题，如引发骚乱和冲突等，因为"眼睛也会骗人"。所以，虚拟现实新闻不应作为独立的新闻形式，其应用的范围一是仅限于孤立事件的重现；二是作为深度报道的补充。

2. 物理多角度（上帝视角）地体验新闻，增加新闻细节。在虚拟现实新闻中的受众，可以在 3D 新闻的环境中漫游，用不同的视角去体验新闻。这个视角一是指物理视角，即从空间的不同角度对新闻事件进行目击。如在上例中体现的警察殴打非法移民新闻，受众可以以男性目击者的身份，也可以以女性目击者的角度去"阅读"这起事件，甚至可以从空中俯瞰，或将视角进一步拉近到非法移民身上等等。这使受众具有了一种"上帝视角"的特征，即自由地观察新闻事件，仿佛掌控着全局、知晓一切。其二，除了物理视角之外，受众可以体验不同的"身份"来获得对新闻的多方观点。在此案例中，受众可以以警察的身份，体验事件发生前、发生中、发生后的一系列与他人的互动，比如体验警察早上与妻子的争吵、与上司的怄气、工作的烦恼等；受众也可以以非法移民的身份，体验其偷渡前、偷渡中、被殴打时的感受。这在虚拟现实新闻中完全可以实现。这样做的好处是直接将以往需要通过语言文字（包括电视新闻中的解说词）描述的新闻主人公的体验融入新闻事件中作为某种背景，增加受众对新闻深度的自主思考。这种自主思考与传统新闻媒体强加于受众的意识不同，在受众看来，它是来自于"亲身体验"的，是更具说服力的。

沉浸式新闻基于虚拟现实技术，是当前虚拟现实新闻的阶段，未来的虚拟现实新闻将进一步发展。具体而言，会突破前述的一些局限性：首先是制作工艺的提升，即画面与真实度的提升，细节更多、更丰富，虚拟现实世界更接近现实世界的外观和感受，提升新闻的真实感和受众的代入感；更重要的是现实新闻转换为虚拟现实新闻流程的简化，新闻的即时性提高。当前的沉浸新闻需要在事件发生后，根据电视画面、监控、目击者描述等多方面信息还原制作 3D 画面——主要是用电脑软件建模、渲染并加入编程增加新闻互动性——来将新闻现场的事件重现。这个步骤所需要的人力和时间并不属于新闻业的原生工作，而是虚拟现实对新闻业的新的要求，当前的新闻业只能借助其他行业的人手和设备来完成这一切，意味着在当前的技术水平下，新闻事件无法快速呈现为虚拟现实状态，也就无法快速进入媒体传播。未来有两种可能来突破这一局限：一是出现专用的虚拟现实场景构建软硬件系统，其功能是简化虚拟现实场景的创建，只需输入相应的信息，便可根据信息迅速转换为虚拟现实；二是立体摄像机，实时地将现场转换为三维场景。在技术发展到一定阶段，虚拟现实对现实新闻的模拟将极为简化，中间的时间差将缩小到极限，就像今天的电视新闻一样，可以在一定条件下实现对新闻现场的"虚拟体验式"直播（其实电视新闻直播客观上仍然有秒级、毫秒级的延迟，因此我们不必强调直播新闻与事件其完全同步）。

未来的虚拟现实新闻

未来的虚拟现实中，新闻仍然是不可或缺的个体生存所需信息的来源。不过，新闻的形式会更为进化。其中，虚拟个体发展的阶段不同直接影响着虚拟现实新闻的形式。在可穿戴设备营造虚拟现实阶段，虚拟现实新闻主要以上述三维场景的模式出现，虚拟现实用户通过头戴式显示器来体验与传统新闻不同的感受，获得新闻信息。这种体验可以为用户带来新的冲击；但受到前述种种局限性的制约，虚拟现实新闻的主要功能应为传统新闻形式的补充。在虚拟生存的第二阶段，即除脑部外全部器官可机械替代的阶段，文字和图像仍然存在于新闻内容中，但虚拟生存的个体需借助"容器"来感知文字和图像等信息，这种状态下的虚拟现实新闻属于一种混杂、交叉的过渡状态，表象化的可见信息和数字化的不可见信息并存。在虚拟生存的第三阶段，即在人脑可虚拟化的阶段，虚拟现实新闻则完全成为数字化信息形式，被授权的信源可对虚拟生存个体的记忆直接进行读取和写入。这种状态下的虚拟现实新闻，已经不需要借助文字和图像的方式来显示，它以纯信息流的状态在虚拟现实系统中流转传播。

虚拟生存在何种程度上改变新闻的形态，取决于我们生活方式的变革。在虚拟化生存比例提高的前提下，人类接收、存储和处理信息的能力不断提高，技术上而论，人类借助虚拟生存设备，可以接收和处理比今天我们依赖于生物肉体所能接收和处理的信息多得多的新闻内容。这个前提下，新闻必然变革以适应未来的人类的特征和虚拟生存的特点。

当前我们从新闻报纸和电视新闻上接收新闻的数量上是有限的。虚拟生存个体接收新闻能力的提高，需要新闻机构在数量上增加新闻的推出；这对新闻机构的信息采集和编辑能力提出了更高的要求，对新闻的选择标准则放宽要求——新闻供应量必须加大。这一变化在某些领域可能带来更多的深度报道，或花边报道。新闻的两种尺度都可能发生延伸：一是新闻事件本身的报道更为细化；二是新闻事件的跟踪报道更为持久。但新闻机构的成本和资源有限，新闻供应量的增加也可能导致新闻报道的质量下降。

新闻内容更为组织化。新闻内容以信息流和数字化方式传播，并不表示新闻不需要编辑和分类。而且对于用户而言，有针对性的新闻分类对于节约用户的筛选精力是有意义的，用户并不希望海量的新闻直接输入自身的存储和记忆体。传统新闻报纸的内容组织不针对特定用户，缺乏个性化；互联网新闻可以为用户自定义接受的信息之内容类别，但分类有限；而虚拟现实新闻对新闻内容的组织可以更为细分，在互联网新闻的分类之下做出更为个性化的处理，这也是基于用户运算处理能力的提高。

从新闻行业机构角度，综合性的新闻组织报道难度加大，专业新闻组织会大量出现以适应"更多、更细的新闻要求"，通信社专业化分工进一步加强。这与当今的新闻社均为综合性仅有内部分工的组织架构有所不同，类似通信社这样的新闻源必须以专业为特征，才能报道更为深入，数量更多的新闻，受众在一定条件下对新闻进行自主过滤和选择。

广告/公关的变革

广告是现代商业社会的重要一环。虽然，在当代的人类生活中，广告并非以一种十分受人欢迎的面目出现，人们时常抱怨影视节目被广告所打扰，以及街头巷尾满目可见的广告招牌、厚厚一摞报纸之中占了大半分量的广告版面、网页中强制观看的贴片广告、弹窗……这一切都令人不胜烦恼。在欧洲批判主义的学者们看来，广告无非是消费主义的代表，刺激人的购买欲望、误导人们的消费观念，是物化生活方式的表现，几乎没有文化研究的价值……对于我们的精神层面几乎没有任何正面意义。实际上，广告对人类生活的正面作用已经渗透在我们的日常生活中，例如，购买大件的家用电器，我们可能首先会考虑某几个品牌；谈论到某个品牌的时候，我们会说这个品牌如何好或者如何坏。实际上这就是广告日积月累对我们构成的影响。我们无法一一去判断哪个特定品牌的某个情节的广告在说谎，但总体而言，广告带给了消费者某种指导意义。理论上或者说在较大概率上而言，打广告的品牌比不打广告的品牌更值得信赖。因为除非

142

是想彻底坑一把顾客、谋取短期暴利然后消失的企业（几近于骗子），大部分企业在花费广告费之后，会更珍惜自己的品牌而不是反之。

此外，如果将广告纳入商业理论范畴，那么它更像是一个中性的领域。因为我们不会说营销学是坏的、品牌学是坏的、企业管理学是坏的。这些都只是商科中的理论，也许它们最大的问题是理论性不如人文科学，抽象性又不如自然科学，这才给人们一种不伦不类的感觉。但谁也无法否认商科对人类经济活动的意义。尤其在资本主义市场经济的视野中，商业与生俱来的属性，似乎与人类社会的发展紧密联系。而经济史也一直在证明大部分人类社会领域中，商业模式是决定效率的核心因素——从营利组织和非营利组织的数量对比就可以看得出来。毕竟盈利促使竞争，而非盈利促进的是公平。人类发展至今与其说是公平的必然，不如说是竞争的结果。总之，在物化的世界中，广告似乎是不可避免的，仍然是重要的（尤其对于很多我们当前使用的免费服务）。

回顾人类历史，广告与人类商业活动出现几乎同时。古埃及人使用纸莎草纸制作传单和海报；中国最早的广告记载出现于战国时代宋国韩非子的《外储说右上》："宋人沽酒者 升概甚平 遇客甚谨 为酒甚美 悬帜甚高著。"[①] 在古希腊时期的西方，人们

---

① 晟岩："中国广告之最"，载于《观察与思考》，2006（5）。

便使用地面的石头刻画脚印和人像，向旅行者示意旅馆的方向，如下图为古希腊城市以弗所（又称艾菲索斯，现为土耳其境内）遗址上发现的世界最早的广告招牌^①：

在现意大利的奥斯塔安提卡（Ostia Antica），古罗马的一个港口城市码头上，人们在码头港口地面敷设马赛克图案，向下船的水手说明附近酒馆的服务内容（见下图^②）。

---

① http://flickrhivemind.net/blackmagic.cgi?flickrurl=http%3A//www.flickr.com/photos/25182307%40N00/963528495&id=963528495&url=http%3A//flickrhivemind.net/Tags/ephesus%2Ctemple/Interesting?search_type=Tags&textinput=ephesus%2Ctemple&photo_type=250&method=GET&noform=t&sort=Interestingness%23pic963528495&user.

② http://foter.com/Ostia-Antica/.

　　庞贝和古阿拉伯半岛的遗迹中都出现过商业信息内容，如下图为庞贝古城（公元前 6 世纪～公元 79 年）中的墙体图案，表示此处为风月场所，图案信息简洁明了 ①：

　　古希腊和古罗马的纸莎草纸制作的失物招领广告相当常见；无论是亚洲、非洲还是南美，在墙上和石头上刻画文字以促销商

---

　　① 　http://news.cnool.net/0-1-14/29841/4.html.

品或服务的广告都是常见的古代广告活动的主要形式之一。历史学家在世界各地古文明中发现了不少与人类广告活动相关的文物。中国宋代的"刘家针铺"广告印刷雕版，是现存于世的最早的广告工具，它是用于为山东济南刘家针铺印制广告的，可以纸张油墨在其上反复印刷传单，长 13.2 厘米，宽 12.4 厘米。如下图所示 ①。

威廉·卡克斯顿（William Caxton，1422 ~ 1491）在英国是仅次于莎士比亚的文化名人。他印制和翻译了一大批宗教、文学书籍。1472 ~ 1479 年间他制作了现存最早的印刷广告传单来推销书籍。以下是仅存于世的两张广告传单中的一张 ②：

---

① 来自国家博物馆微博。

② http://www.library.manchester.ac.uk/firstimpressions/From-Manuscript-to-Print/ The-Explosion-of-Print/Book-fairs-and-booksellers/.

18世纪时，广告开始在英国的新闻周报中出现。早期的广告以促销书籍和报纸为主，后来很快发展到药物广告以及其他商品广告。但很快，虚假广告和过度宣传的广告内容，促使广告立法开始出现。随后，大众传播的历史伴随着广告形态变迁的历史；而广告的内容却始终如一——与我们的消费保持紧密联系。对于企业而言是促进销售的有效手段，对于消费者而言，一则合法合理的广告则是消费的指南。广告的这种固定特性，也就是物质关联、实用性，与市场经济和商品交换不可割裂。广告在于告知消费者商品信息，包括商品的功能，价格和位置等。如果把消费者和商品看作信息传播的主体，一个为受众，另一个为信源，则广告作为传播活动的性质是没有疑问的。这里信源具有极其强烈的"寻找受众"的动机。广告信源即企业，广告受众即消费者。新闻寻找的受众是不特定的多数人，广告寻找的受众是特定的消费者。

人的延伸即人的信息获取能力和媒介手段，随着生产力发展提升，广告也受其影响。在生产力尚低下的古代部落中，一方面富余产品为部落所分配和消费，另一方面在部落范围内的信息传播还算快捷，因此并无商品交换和商品富余的概念。生产力发展到一定阶段后，部落的产品开始消费不完，或者某类产品出现富余，而他类产品不足，这带来了商品交换的需求，集市开始出现。在集市中，人的信息获取能力开始出现不足，这倒并不是因为集市的物理范围大于部落，而是因为人在集市中是处于一个相对陌生的信息环境，无法与他人形成有效的信息节点，故而信息的获取能力下降了。人们在集市中进行商品交换需要最大化自身的信息传播效率，才能尽快促成交易。在这个动力下，人开始利用自身的功能进行广告，即语言。与普通的交谈不同，在集市中，一方面为了对抗喧闹的环境，另一方面为了提高受众数量，引起注意，集市中的语言广告方式常常是高声呐喊，即"叫卖"。通过叫卖，可以使个人在不借助任何其他外部工具的前提下将个人传播能力发挥到最大。但当集市上每个人都使用"呐喊"给自己做广告的时候，广告之间的干扰变多，加之人的嗓子生物特性有限制，无法长时间呐喊；逐渐地又出现了其他音响广告，如屠夫以刀相击、货郎的拨浪鼓、卖糖的敲击角铁等，发出与众不同的声响，用于区别。当某种特殊的声音使用频繁后，就形成了与消费者之间的条件反射，一俟某种声音出现，即使目所不及，也可知道某种商品就在附近，循声而去便可消费。但不管如何，以声音为传播载体的古代广告，仍有其不可避免的缺陷，即取决于商人的精力，传播时间短，容易互相干扰，属于闯入型强制型广告媒体，某些情况下容易引起反感。所以在口头广告和声响广告的同时，也出现了初级的视觉广告媒体，即实物广告、标志广告和文字广告。实物广告和标志广告与口头广告的最大区别是以视觉传递信息。视觉广告媒体应略晚于听觉广告媒体，因视觉广告媒体需要借助一定的外部事物。但其优点在于不会互相干扰，一旦树立成功，即可长期使用，广告主无须投入太多时间精力，且其属于接受型媒体，即受众可以选择接受或不接受其信息，不会带来听觉媒体噪音污染的反感。而且，在大部分情况下，视觉广告媒体比听觉广告媒体传播范围更广。例如几百米开外的酒旗，可以明白显示其广告主为一个酒庄；而人的声音必须借助喇叭等器具才能到达这样的范围。初级的视觉广告媒体，就具体形制而言，无论东西方，均多为招牌、旗帜、牌匾、条幅或象形标志物（如酒葫芦、灯笼）等，通过简单的手工加工即可制作。象形标志物的广告又早于文字招牌，因一般民众的识字率在古代并不高。

若以 15 世纪古登堡发明金属活字印刷术开始，发展了 3 个世纪后，直到 18 世纪的第一次工业革命，大众媒体才真正插上了翅膀。第一次工业革命来临后，蒸汽机为人类带来了机器代替人力、大规模的工业自动化。机器带来生产力的提高，间接地，也提高了媒体的传播效率。这个阶段中，声响广告和视觉广告缓慢发展着，始终没有本质上的革命，有的只是形态的复杂化、精细化和丰富性的增加，这种变化是制作工艺和想象力上的进步，却始终无法突破太大。直到 19 世纪后期第二次工业革命——电力的出现，才为广告媒体带来了新的形式。1925 年，雪铁龙汽车的霓虹灯广告出现在巴黎埃菲尔铁塔上，引起了轰动。这一电力广告形式持续了近 10 年，被业界视为成功广告典范之一[①]。

进入 20 世纪，大众传媒得到全面发展，无论是报纸、杂志、广播、电视、电影等全面兴起，核心的原因仍然是技术。社会结构、政治体系、人文进步虽然也作为动力，但它们与技术相比，对媒体的推动仍不够直接。技术的进步带来了人的延伸的增强，这主要是交通能力和传播能力的增强，人们越来越感觉到与远方事务的联系之必要性在加强。火车、轮船、飞机等高速运输工具使得人们的生活圈更大，效率更高；电话、电报以及依赖于交通能力

[①]　王渺林：《创新的韵味 精选雪铁龙经典广告欣赏》，http://news.bitauto.com/ggjs/20130812/1106192696.html，2013-08-12。

的邮政体系的建立也增加了人们的联系。技术对人类生活的变化使得大众传播作为人类依赖的信息以及精神食粮的兴旺；大众传播的兴起，又带来了广告的兴盛。大众传播的信息传播特征、面向大量人群的性质，使其在传播商品信息上带有与生俱来的优势。在大众传播以前，广告都只能以"局域"的形式出现，作用于一个人类个体延伸的范围——目力之所及、听力之所及；音响广告、视觉广告都只能在当时、当地起作用。大众传播的广泛特征，彻底打破了这一局限，广告开始随着人类创建的媒介延伸至超越人类自身生物特征的范围之外。通俗地说，在人裸眼、裸耳的状态下，招牌、叫卖等广告只能作用于人类附近最多几十米至几百米的空间，也就是在人类的生理极限之内被接收；借助电子媒介的广播、电视广告则能作用于超越人类生物性的几千几万公里乃至更广的范围。商业的本质是追逐利润最大化，商业信息可以随着广告媒体到达世界的每个角落，这正好符合了商业的需求。在这种内在的巨大动力驱动下，全球的广告、媒介、公司、消费者更为紧密地结合在一起。广告借助商业的推动遍布所有媒介受众的接收领域，可以说，在当今社会，只要接触过媒体，就必然接触过广告；而广告反过来也推动着商品的销售，无论何种商品，只要尝试过广告媒介的推广，其销售量必然多多少少得以提升（虽然这种提升未必能比得过广告成本之巨）。资本主义对利润的追逐，令广告获得了本质上与传媒共生的特性，这种特性，在产业角度而言是传媒的支撑；对消费者而言则具有两面性，即指导生活或过度消费；对文化而言，广告在媒体上所创建的流行文化不计其数。一个特别的、有某些突出特征的广告很容易成为当今社会生活的短暂热门话题。最近的一个案例是，成龙在 2004 年拍摄的一个洗发水广告，在 2015 年，由于一个无意恶搞的视频而火爆一时，其中的口头语 "duang" 也成为网络流行语。流行文化的特征是短暂、狂欢式、反深刻；这种流行的动机和目都很单纯的被归类为纯娱乐。广告本身也可以具有娱乐功能，以广告业界的观点，创意是为了销售，但对消费者而言，创意是娱乐。虽然这种娱乐是基于广告的内容，但仍无法脱离广告媒体的承载。

虚拟生存下的消费、生产和市场

虚拟生存的外在体现是人类对于自身躯体和器官的扬弃，数字化生存；虚拟生存的内在本质是人类生活方式的革命，即从物质生活主体向精神生活主体过渡。这种过渡建立在人生物性逐渐消失的基础上。人肉体的消亡，带来一系列庞大繁复的问题（虽然需要经历一个漫长的过程），最直接的莫过于对人类现存物质生产系统的影响；最重大的莫过于对人类社会结构的影响；前者是经济和物质上的，后者是社会政治文化上。按照马克思原理，生产力影响上层建筑，物质决定意识，我们必须先对虚拟生存的消费、生产和市场有所理解，才能进而辨析广告等次要领域的变革。

人类自诞生之日起，就不断地为了生存而自我挣扎和不断进化。正是这种达尔文主义下的自然淘汰法则，使得人类成为地球上的万物之灵和食物链顶端生物。与其他生物相比，人类的力量、速度、敏捷等生物特性都只是一般；亦没有坚硬的外壳、厚实的皮肤；没有飞翔能力；没有毒液……自然界中，人类唯一的武器是智力。人类的智力高于任何地球上的其他生命，却不得不使用这个武器去保护自身弱不禁风的生物特征。这是一种矛盾，矛盾的发展演变出了当今复杂的人类社会，从这个意义上说，人类社会、都市结构是对抗自然的结果，而非顺从。

从现实生存的阶段（即今天和过去的世界）来看，原始部落的人们，每天都在为果腹而疲于奔命。在那样一个充满蛮荒的、自然力量具有统治性的时代，人类不得不小心翼翼地运用自身有限的生物力量和群体智慧，抵御野兽、天灾和疾病的侵扰。只有在漫长的时间中，人才逐渐运用经验和学习能力掌握了工具的制造。这是人类最初的技术变革——尽管这个工具可能只是一把磨得略锋利的石斧这样低效率的工具。我们可以想象，第一个发明石斧的原始人（埃塞俄比亚 Dikika 地区出土的 340 万年前的动物骨头化石上有斧凿痕迹，这被认为是最早的人类工具使用纪录，但亦有学术争议①）对工具的概念完全来自于经验和尝试，甚至

---

① 综合来源。来源1：EurekAlert：《PNAS：新研究否定了古代动物骨头上的屠宰痕迹》，http://www.bioon.com/biology/Ecology/464222.shtml，2010-11-16；来源2：https://en.wikipedia.org/wiki/Stone_tool。

是偶然。但这种偶然一旦作为客体进入人的智力和思维范畴，就发生了深刻的变化和革新。

人类为了脆弱的肉体安全而不得不与自然对抗，并在智力和经验的指导下发展出了简单工具、再逐渐变革为复杂工具，其中，人类对物理的抽象理论，即智力和思考能力也在起作用。这个过程渗透着生产力的变化，也是工具效用的叠加和几何放大。这种工具之间的互动建立了复杂的人类科技体系，而科技本身又促进了人类自身逐步对肉身的脱离。这对矛盾，以波兹曼的说法是"会话"的一种，尤其是人类自身的会话。它在象征意义上代表了错综的社会关系的变革，在表达着人类进化的内向互动实质。以马克思的观点，生产力是一切社会演进的推动力，但当我们以直白的方式去解读人类的进化史、以人类个体考察人类群体时，生产力本身的升级似乎并不能说是人类的有意识行为，只是一种基于本能的结果——这种本能来源于人类脆弱的生物性。那么，作为具有智力的人类，在发展的最终阶段，摆脱人类的生物性，似乎是一切问题的中心。

1. 现实生存作为人类已经延续几千万年的习惯，和生产、消费的关系并不复杂，大量的物质消费为人类的生物性所驱使而促进的生产力发展主导着一切。即使是精神产品，如书籍、电视、电影、游戏、音乐等，它们对人类的意义也并不能脱离物质基础，我们在阅读、享受影视、美术等等所获得的欣喜、忧伤、感悟这一切感情和感觉，也是受人脑中所分泌的化学物质的刺激，或思考这种脑部"运动"带来的多巴胺释放的快感。物质产品和精神产品的唯一区别，在于生产者是否能获得类似的快感。精神产品的生产者，我们称之为艺术家、文学家、美术家；他们的生产过程也是内在对话的过程，是他们对世界的认识的再现，我们常说"表达的快感"意味着精神产品在生产过程也即表达时也会促进作者的自我激励；而物质产品的生产者则不具备这种特征，物质产品的规范性抹去了生产带来的快感，取而代之的是机械重复劳动。对于现实生存的人类而言，不论是物质生产还是精神生产，都是对肉体的迎合。

2. 在虚拟生存的不完全阶段，人类对物质生活的依赖程度逐渐降低，这并非人类主动追求的直接结果，而是人类进化自身的直接结果。人类进化自身的需求来自于几个方面：一是疾病的免除，如躯干和器官失能和衰竭的情况下，为了延长生命或提高生活质量而不得不以机械代替身体的某一部分，现在已有的大量人造器官案例可证，以及运动员以人造小腿跑出高于普通运动员的速度的事实；二是更发达的身体功能的追求，如对智能化连接物联网、连接数字环境的需求，为了生活的便利性，人们开始在身体内植入各种芯片设备，如前文第一章提到的一些例证；三是追求永生的少部分人——毕竟从技术上看，生物躯体保持永生的前景比起机械替代更为遥遥无期。从已经发生的人造器官事实来看，人类实现从部分躯干、器官的机械电子替代到完全机械电子化，已经不再是海市蜃楼的空想，而是正在缓慢发生的现实。但未来唯一无法确定的是，人脑是否可以完全机械化、电子化和数字化。关于这一点前文已经提到，新的案例如 2015 年意大利医生 Sergio Canavero 提出将在未来 1 ～ 2 年内为一位患有全身性肌肉疾病的患者实现世界首例换头手术，其实质也是人脑的替换。这里需要探讨的是，在人脑未能被替代之前，人类如果不再那么依赖生物躯干和器官生活，这将对我们的经济和生产有何影响？

（计划于2017年实施换头手术的意大利医生Sergio Canavero，截图来源：CCTV）

经济生产构成了当今社会的绝大部分活动基础，我们称之为"劳动"，这也是大部分人个体生存的来源。人们在复杂的社会结构中进行了精细分工，以自己的服务和产品与他人进行交换，获得经济来源，最终通过货币形式，与他人交换服务和产品。这一切的问题都是因人类需要基本的食物、衣服和住所。但衣物和住所的性质在原始人角度看来却并非生存必需而是生活质量提高因素；只有食物才是生存不可或缺之物。人的基本生存条件即人的肉体的活动的维持，是人的生物性决定的。部分实现虚拟生存的人类，根据其器官的替代程度，有可能并不需要进食，但需要能源和机械设备（零部件）以及维护性的工具、消耗品（润滑油脂），以及营养剂以维持脑部的生物运转（在脑部未能替代的前提下）。也就是说，人类对食物的需求会发生削减，即使只是部分取代躯体和器官，其也或多或少地减少了身体生物性带来的食物（生物能量）需求。直接受到影响的当然是农业和食品行业。食品行业直接影响到广告业的一大部分收入，这点暂不谈。从另一方面看，人类的食物支出在生活总支出中的比例即恩格尔系数将大为下降，恩格尔系数是公认的衡量一个国家发达程度的指标，也是人类作为社会整体进化的标志之一。因此半虚拟生存事实上也顺应着人类社会发展的一般经济原则，这不能简单地称之为巧合，而应视作人类发展的必然规律在不同领域的相遇交叉。

在人类社会从现实生存向不完全虚拟生存过渡阶段，食品产业链和农业产业链的生产力只能向工业迁移。理由是虚拟生存的生活方式使人类对食物和农业的需求量减少，对机械和工业的需求量增加。由于虚拟生存需要可靠的网络连接和硬件设备，信息基础设施大量建设、虚拟生存所需容器的存储场所扩张，都将引起对工业产品需求的扩大。具体到特定行业而言有所不同。

食品行业：生物性食物需求下降（不是消亡），包括种植、养殖、捕捞、农产品深加工等产业链会出现萎缩。部分生产力转移，农民转入服务行业，农业土地退耕还林，森林覆盖率增加，野生生物种群得到一定程度恢复。在不完全虚拟生存阶段，维持人类剩余生物性的食品功能变得单一化。

房地产行业：在部分虚拟个体而言，物理存在仍然不可避免，不完全虚拟生存决定了人脑和其他非生物身体的空间占用具有物理特征。这种特征影响着个体对存在场所有不同需求。但与现实生存对房地产物业的追求不同，这种需求对舒适性和心理价值有所降低。人的生物物理特征是个体差异不大、外形特征相对统一，这可以带来批量式和标准化的房地产产品，但不完全虚拟生存下人个体特征多样化、不规则，会给房地产产品的标准化生产带来挑战。更多的自定义产品出现，同时，智能建筑的需求增长。

在完全虚拟生存阶段，根据"容器"特点，房地产行业和仓储业混合态势增长。这里的仓储业不是简单的仓库物流，而是数据中心概念，更侧重于硬件安全、网络可连通性等。对于虚拟生存个体而言，多个备份和容器的安全必须优先考虑，仓储需符合一定的建筑和信息化标准，这是虚拟生存的物质基础。但纯数字化生存个体所占用的空间相对生物体不需占用太大空间，这在一定程度上降低了房地产的需求。基础设施建设的地理位置不再局限于城市，日常的城市中心概念逐渐淡化。通常城市中心的房地产价格较高，这得益于交通便利和商业聚集效应。在虚拟生存状态下，"遥在"令交通变得不那么重要，商业需求也仅限于非虚拟生存个体，这削减了城市中心的传统必要性。无线互联网、太阳能等多种发电技术也在分散基础设施建设的压力，更为零散的地理分布成为可能，这也使得房地产产品不再成为刚性需求。理论上，只要有一定的经济和资源，虚拟生存是全球性的存在、无定所的存在。

服装鞋帽、时尚行业：不完全虚拟生存个体所需的外在形象仍然需要个性化，实质上这种个性化的要求大大提升了。因虚拟生存为个人的形象提供了极大的不确定性。人可以选择不同的外在形态进行生存（不论在虚拟空间或现实空间中的虚拟形态）。商业提供的个人日常消费如服装、个人护理等产品侧重点可能发生一定的变化。我们今天所看到的服装鞋帽在未来可能有更为不同的形态。纯数字化的虚拟生存可以对外形进行各种自定义，其中涉及的是美学和设计，即人工劳动。其需求仍然存在，装饰和时尚产业与工业设计进行融合。

交通运输行业：部分的虚拟生存个体，受制于脑部的不可复制特性，必须在物理转移上依赖现实的交通运输来切换地理空间位置。但这种切换的意义下降了，因为通过虚拟生存个体和现实世界的数字化互动，不完全的虚拟生存个体也可以通过网络和计算机对现实世界的其他事务进行处理和干涉，物理移动变得不那么必须。对于完全的虚拟生存个体而言，物理移动就更不必要了。因为虚拟生存个体没有传统的"固定居所"之概念，他生存于虚拟空间中，可以有多个自身的备份，多个备份之间可以作为一个整体进行协作，也可以远程调用、遥控物理世界；其没有物理空间的概念，虽然生存的主体仍然属于信息主体，物理上需要电力、网络和计算机的支持，但这种生存并非是单一计算机上的程序，而是多元化多维度的网络化存在，现实生活中我们不能说"他存在于世界上"，而只能说"他在 401 房间"。但虚拟生存改变了这个概念。虚拟生存的方式是对物质世界的一种颠覆，其中之一就是交通的必要性被削减了。

能源和矿产行业：能源和矿产可能是在虚拟现实世界下唯一可以保证属于正增长的行业。人类的虚拟化生存，无论是不完全的虚拟状态还是纯虚拟状态，都需要大量的机械、电子装置和相关的配套基础设施。这一切加大了人类对能源和矿产行业的消耗，促使其价格上升和行业繁荣。2015 年，据英国《每日邮报》报道，英国皇家学会科学家称互联网面临容量危机的临界点，英国传输信息的电缆和光纤将在 8 年内达到极限，而且按照当前的速度，短短 20 年内英国的所有电量供应都将被互联网使用所消耗掉[①]。这则新闻提出了两个概念，一是互联网的流量消耗，二是互联网的能量消耗（电力）。虽然网络流量有峰谷状态不会瞬间到达饱和状态，但总体而言，这次从 20 世纪末开始的信息爆炸，最终会体现在现实世界的基础设施之上。考虑到全球互联网人口在 2015 年达到 30 亿，占总人口的 50%，考虑剩余的增长潜力（见下图）[②]，这种对信息基础设施的消耗面临着不可逆转、日益严

---

① 唐风：《科学家称互联网面临容量危机：将在8年内崩溃》。http://top.sina.cn/tech/2015-05-05/tnews-ichmifpz0998635.d.html?vt=1&pos=108&wm=2272_6727，2015-05-05。

② eMarketer：《2015年全球网民数量将超过30亿 年增长6.2%》，http://www.askci.com/chanye/2014/12/03/1011331ao4.shtml，2014-12-03。

重的态势。因此，能源和矿产行业作为基础设施建设的上游产业必然具有更大的发展空间。

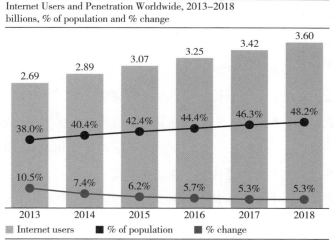

Internet Users and Penetration Worldwide, 2013-2018
billions, % of population and % change

Note: individuals of arry age who use the internet from any location via any device at leas! once per month
Source: eMarketer, Nov 2014
181939   www.eMarketer.com

文体和娱乐行业：文化产品属于精神产品本质，虚拟生存消解的是人的物质部分的现实，而创建了一个更大的信息现实。虽然信息不等于精神，但两者的无形无质化具有相似性。精神和信息的区别在于，精神产品表达人的思维、观点和意见，使传播中的受者获得精神的愉悦或体验，作为人类之间的一种高层次的信息交换存在，具有显性或潜在的价值观。信息产品表达物质世界的客观事实，是一种基础的东西的综合，一种概念化的存在，不具有价值观，其作用是人与外界互动的依据。文化产品的精神属性是不可避免的，因其本质目标是与他人互动。文化产品在虚拟现实下存在时，其内容不会变化，因其表达的是思想这样的无形无质物，但其形式与现实世界下的文化产品有天壤之别。例如，我们现在所说的一本书，其本质是载有精神的印刷有文字的纸张集合。虚拟现实将精神部分抽离物质实体，转化为数字和电信号、光信号、磁道记录等表达形式，原来的文化产品所具有而且必备的物质形式不再适用，但文化本身携带的精神不受影响。这种形式上的取代，也会影响到人们对精神产品的接受和理解，但精神信息本身仍是客观和理性的。存在和本质不是同一个概念，文化产品的存在消失了，而其本质即人类思想成果，仍然以其他形式存在。文化产品的流通并不完全是商业性的，也有传播思想的主观需要，例如自费出版书籍的活动一直存在。虚拟现实世界的文化产品生产只会更丰富多样，而不会少于现实，因为技术的发达，人类思想更容易传播和扩散。与传统不同的是，今天即使是只言片语，一旦其"击中"了受众的需求，便可以大规模传播。微博这样的碎片化传播说明了这一事实。相对于文字出版物，文艺表演需要借助人的躯体来实现感情的传达和戏剧化事件。即使是部分虚拟化的个体，在文艺表演中，个体的特征也会导致受众注意力的偏移，这对于作为一个整体的传统艺术形式是一种损害；舞蹈、歌剧、相声、杂技等形式如果由部分虚拟化的个体进行表演，除非其内容表达的是与虚拟现实有关的内容，对于传统的内容可能效果不佳；更进一步的是纯数字化生存下无法进行文艺表演——涉及舞台表演的艺术形式可能会消失。至于影视行业，在虚拟现实环境下，最主要的特征是沉浸式影视，即受众置身于影视所描述的现场，对事件进行体验。影视之间的技术界限消失，囿于成本不同，虚拟电视主要传播新闻、电视、综艺节目；虚拟电影则传播大制作、好莱坞式的故事片，这点与当前无异。在网络化前提下，电影院将成为历史，虚拟生存方式不必物理移动到特定室外场所便能接收高质量的电影娱乐——如前述，虚拟生存本身对交通的需求最小化。电子游戏行业在虚拟现实环境下将成为主要的娱乐方式。沉浸式体验和网络受众之间的互动使得电子游戏的娱乐性和趣味性要强于单向传播的电视和电影，换言之也更容易成瘾，更具有刺激性。电子游戏相对于影视，其构筑的互动空间等于另一个虚拟现实世界。但在虚拟生存环境下，体验电子游戏似乎与虚拟生存逐渐不可分离。虚拟生存的一个重要内容是体验不同的生活和生存方式，这与电子游戏的实质几乎完全一致。电子游戏可以模拟现实的一切，也可以构筑想象世界。不过，强烈的体验并非适合每一个人（生理眩晕、心理舒适不同等），这也许是其他娱乐媒体的唯一机会。

医药与健康行业：由于生物性人体躯干和器官逐步被取代，虚拟生活的比例不断增加，这将直接影响传统的医药和健康行业。未来医药和健康行业的重点由生物领域转为机电和新材料等领域——降低虚拟生存设备的成本、增强其功能、延长其使用寿命将成为新的增长点。而在不完全虚拟化阶段，人脑仍然需要生物治疗，以维持其生物寿命；但如此一来，传统的医药领域除了在非虚拟生存个体中存在，其在虚拟生存个体中的经济度量将被压缩到较小的市场规模。生物领域本身的发展，也可能给人类的躯干和器官带来寿命的增加，但目前的进度来看，其发展速度还比不上机械和电子的替代进展；而机械和电子设备的寿命、可替代性、替代方式、强化可能等都优于生物替代，机械的唯一不足可能在于视觉效果不如生物体自然。总体而言，传统的医药与健康行业份额将下降，转移到机械电子和机器人等工业市场。

信息基础设施行业：信息基础设施在未来承担着前所未有的重要角色。无论是互联网、人工智能、虚拟现实，都以此为基础运行。信息基础设施包括全球的网络连接如海底电缆、卫星链路；主干通信光缆；无线信号发射器、中继基站等。这些基础设施的建设在现在已经逐步完善，但在未来的虚拟现实环境下，其信息量将不可避免地迎来几何级增加。信息基础设施的增长同样可预见。当前，信息基础设施以国家为区域进行建设，在国际则共同建设。未来的增量工程可能带来通信运营商之间的并购和合并，这个领域可能出现巨大的垄断，因为其涉及的资金并非中小企业所能承担。这种趋势带来的通信风险也在增加，即信息辛迪加。通过对基础设施的监控，政府或通信巨头可能会滥用信息权力。如斯诺登事件，就是美国政府以反恐怖袭击为由，借助法案对民众普通通信进行大规模监听的案例，美国政府采用与大的通信基础设施运营商签订协议的方式，以有偿的方式监控大量的网络信息，包括其他国家的敏感信息、民众日常通话内容等。在其曝光后产生了持续的大规模负面影响。它说明在技术发展中，拥有组织化权力的个体——如政府和公司，由于集中了更多的政治权力或经济资源，甚至可以合法地、直接地对信息基础设施进行操控。在虚拟现实世界背景下，这具有毁灭性的威慑力。如果做一个类比，那么现实世界存在于地球这个容器上，地球的不稳定，即地质灾害和自然风险，可导致现实世界的动荡和损失；那么虚拟现实即存在于人类所制造的信息基础设施之上，信息基础设施的不稳定性，可导致虚拟现实的不稳定甚至毁灭。人类对自身所存在的世界可以不断改善和提升，甚至扬弃。在遥远的未来，面临地球资源枯竭的风险，人类可能寻找新的宜居星球甚至制造人工卫星来延续种族；而对虚拟现实的生命延续，则建立在对信息基础设施的改善和稳固基础上。

贸易、商业和零售行业：对于未完成虚拟化生存的个体，贸易、商业和零售行业仍然与今天没有太大差别。虚拟生存带来的经济规模不会小，而是在结构上发生改变。贸易的内容、零售的内容更多地倾向于虚拟生存所需物质。此外，虚拟社区内的贸易、商业和零售将成为虚拟现实中的流通渠道。不过在外在形式上，虚拟现实的商业不再基于房地产物业，而是信息界面和广告。商业和零售业以人的生活必需品和日常消费品为核心，在人的生物性发生改变后，人的日常必需品和消费品也有所不同，这将直接反映到贸易内容上。例如食品在零售业的货物结构中的比例会降低，取而代之是工业用消耗品，如机体的维护用品、线材、备品等；服装的比例也会降低，装饰性工艺品更为多样化以适合虚拟生存的不同个体。通信工具对于虚拟现实个体而言已经整合在虚拟现实中。对于生物性减低的虚拟个体而言，食品和药品的区别将消失，统一为工业用品、电气用品等。生物性的消失并非人类人性的消失，只是人的数字化，数字化的基础是物质和技术。从商品的丰富性比较，我们今天的商品种类可能要多于虚拟现实的物质商品种类，但少于虚拟现实的数字商品种类。也就是说，人类生活中的很多商品种类在未来将转移和变形为虚拟现实商品，在虚拟现实市场中供虚拟现实生存个体购买和消费；而虚拟现实个体在现实生存中所需的物质商品种类将趋向单一化。对现实生存者而言，他们在未来的现实世界中所能购买的商品种类也因为人类的生存空间转移而变得不如今天丰富——为现实市场规模的缩减、现实人口减少所导致。

餐饮、旅游、酒店：生存方式的变化也影响到服务业。首当其冲的即为餐饮、旅游和酒店行业。餐饮业需求下降，虚拟生存对生物成分的弱化，导致的是以虚拟生存为生活主要内容、但仍保留完整人类生物性的生存方式、仅剩脑部的虚拟生存模式、纯数字化的生存方式三种循序渐进的过程。前二者的相同之处在于人类仍用脑部感受欲望和快感，包括食欲、性欲等。这二者对于餐饮的需求受到脑部需求的制约，仍保留着除温饱之外对食物的欲望。这种欲望不只能通过饮食来满足，还能通过虚拟设备对脑垂体的刺激直接满足，因此，虚拟食物即信息化食物将成为主要的满足食欲的方式，这无疑降低了传统餐饮的需求。传统餐饮可能仍占有较大的市场，但需求曲线呈现下降趋势。旅游业，作为满足人类精神需求的重要产业，在虚拟现实下也会受到冲击。虚拟现实对于旅游景点的模拟，虽然不能达到完美，但其逐渐完善并避免了大额旅游支出、避免了交通和旅游人身意外等优点仍然会取代一部分旅游市场，因此旅游市场也是总体下降的。

金融行业：金融以货币为核心，货币流通物作为人类经济社会发展的历史产物，在虚拟现实世界中将产生形式变化，但本质不会改变。因为从货币的中介属性来说，如果没有中介物（或标准）；只能进行物物交换；而物物交换的效率很低，必须买卖双方取得协商一致方可。当标的物的属性特征客观或主观无法被衡量时，物物交换则无法成立。因此，只要存在经济体，则必须存在中介交换物。当前的虚拟货币如比特币，即可视为虚拟现实中的通用流通物之一。但问题在于，比特币等当前的虚拟货币，目的在于规避监管、匿名性；与现实世界中的政府管理发行货币存在重大差别。以资本主义竞争观点看来，资源的稀缺性永远存在，包括虚拟现实世界也同样——例如对现实基础设施的争夺——毕竟现实物质基础依然制约着虚拟生存。现实中国家之间体现了种族或民族组织对有限资源的争夺，资源的有限决定了国家的界限在短期内不能被打破。经济运行基于政治基础，货币也呈现国家化。而虚拟现实的去中心、去政治同样体现在经济上，虚拟货币不是基于某一政治或民族组织的，而是一种算法，只基于机器的硬件，即一串通过算法得到的字符串来表示对货币的拥有权，一旦硬件丢失、损毁；或软件字符串信息丢失、被抹除；则意味着财产的损失。也就是说，虚拟经济中的货币是基于信息的，而信息必须存在于硬件和软件之上。这种货币对经济的影响并非在于其形式——我们当前的金融信息化实质上也是货币的去实物过程——而在于其去国家色彩、去政治化、去监管化。学者们对虚拟货币的担忧是其会成为非法收入的温床。理论上，虚拟经济不会因为某种虚拟货币的崩溃而崩溃，因为去国家化的特征使得风险被分散，虚拟货币的种类也可以无限多，只要变换一种算法即可。

今天的现实世界所经受的大型金融灾难，最近的可谓是2008年的金融风暴。其本质是金融衍生产品的复杂导致风险的积累和不可控达到了一个临界点而产生的连锁反应。虚拟现实中，资源的有限性导致个体财富的不均仍然和现实世界一样，因此，基于金融衍生品的投资依然会存在，甚至更复杂和自动化、智能化。由于纯粹的金融盈利大部分为零和游戏，即相应的盈利对应相应的亏损；这将促进人工智能和金融领域的紧密结合，智能程度高的投资收益将胜出，信息化和智能化介入金融领域的程度加深；虚拟个体的投资决策和执行更加迅速，市场更为多变和难以预测。

教育行业：虚拟现实社会中的文化和知识传承似乎更为便捷。虽然今天人类之间的教育和受教育方式不再局限于口头教诲、印

168

刷文本教育、电视大众文化引导、互联网亚文化渗透等形式，但其效率低，受教育者习得过程慢。原因皆集中于人的"生物体"局限上。无论上述何种方式接收教育，人类必须通过五官及感觉——眼，耳，口，鼻，皮肤等生物感应器（Sensor）获取信息，再将这些感应器获取的不同的视、听、触觉信息进行理解、内化，最终形成记忆固化在大脑中，成为受教育者意识的一部分、逻辑的一部分。在习得知识后，个体对知识的理解已经内化为行动倾向，会体现为一个人的言行举止、对事物的反应等方面。这个过程需要编码、译码等一系列人体内在"运算"（实质上是一系列生物过程），这个过程延缓了知识内化为逻辑意识的过程，因为人类通过生物器官感应到的外界声光等信息无法瞬间完成。通俗的说，即使一句话、一个图像也至少需要人类短暂的哪怕是几毫秒的时间去反应和理解，更何况一本书、一部电影这样的媒介形式，其对人类的"运算"能力和过程是占用相当大的，反映到时间上便是几个小时、几个月甚至更长。我们不妨用电脑处理器（CPU）来类比大脑，众所周知，电脑处理器的速度是越来越快，今天的个人电脑处理数据的速度，可能比80年代的个人电脑要快上几百上千倍，而且这一速度还在增长。电脑接收信息，计算并处理信息，然后输出信息。这输出的信息可以看作电脑已经"内化"为电脑自身的结构化知识。处理器越快，电脑完成"知识内化"的过程越快。人脑也有其运算和处理的极限，不同的人也有差异，如有的人看完并记住一本书的时间可能远远快于另一个人，有的人的智商高于别人，这些都可以看作大脑的处理能力的差异。这种能力的差异决定了学习能力的差异，也就是信息转化为知识的"内化"过程的差距。先天的大脑差异很难被改变，再加上个体努力的程度不同，以及大脑生长快慢等先天后天因素，都可能导致个体的受教育能力出现差异。

虚拟现实的教育，实质是信息转移的过程，其跨越了编码译码阶段，直接以结构化的信息在个体之间传播，这种结构化的信息，由于个体之间的虚拟性，其内化为知识的过程比传统教育大大缩短了。虚拟个体的受教育过程是基于虚拟现实系统的，属于系统内传播，效率比跨媒体、跨介质、跨载具的传播高得多。通俗的说，如果一本教科书在传统的教育方式下需要 50 小时阅读并理解完，同样的信息量在虚拟现实个体之间传播只需一瞬间。这里可能引起质疑的是，虚拟现实个体之间的信息传播是否达成了对信息内容的理解和内化？答案是肯定的。虚拟生存个体以机械硬件为基础，与人以生物硬件为基础只是物质构成的区别，意识和思维都是基于"硬件"的"软件"和"信息"。虚拟个体自身是将生物学意义的人转变为机械和电子化的人，对信息的理解是虚拟个体存在的基础前提。这种理解是硬件、软件与经验记忆共同作用的结果。如果说虚拟个体与现实个体的最大区别，那就是运算能力的提升。人的生物运算能力经过亿万年的进化，已经到达了一个瓶颈；而机械电子运算能力还在不断提高，而随着材料科学的进展，基于硅材料的集成电路也将被更大规模信息容量的新材料取代，这带来的机械和电子处理器的计算能力提升是无可估量的。说了这么多，无非是强调虚拟现实的个体，无论是运算还是记忆能力都大大强于生物个体，这种运算和记忆能力的提高体现在对信息的接受量、接受速度和理解速度上。

虚拟生存之下的广告

虚拟生存与非虚拟生存是并存不悖的两者。不论是由于经济原因、生理原因还是价值观喜恶，虚拟生存的方式并不是人类所必需，而是一种个人选择。这会造成虚拟生存和非虚拟生存同时存在于客观世界。传统的生活方式对物质生活的依赖没有改变，经济和社会的运行与今天并无太大差别，但虚拟现实中的经济和社会呈现的新特点会左右未来广告的运行方式。

1. 广告对消费者的时间和空间占用

虚拟现实的信息传播相对现实传播最主要的特征就是快。这种"快"在广告和消费者之间的传播跨越了时间占用的障碍。传统媒体广告对消费者的最大侵扰之一就是时间和空间占用，不论是书籍中的插页广告、报纸上的广告版面还是电视、互联网中的强制视频广告、弹窗广告；消费者阅读它们需要占用一定时间，通常是 10-60 秒；尤其是视频广告，即使不去阅读，它们也需要时间来完成播放传递，这就对消费者造成了干扰。虽然消费者也可以选择关闭视频广告或换台，但损失不可避免——哪怕是少量的时间或精力，也会积少成多，招致厌恶。虚拟现实广告可以瞬间完成信息传递，对虚拟生存的消费者并不会造成太大的负担，技术上估计，考虑一般广告信息量不会太大，即不可能超过一本书或一部电影，这种传递应该在1–5秒左右完成。

对空间的省略是虚拟现实环境下广告的另一面。传统广告需要存在于特定空间内，占用一定的二维或三维空间，例如杂志广告画面的大小、报纸广告的版面位置、电视广告所处的屏幕、户外广告竖立和放置的地点等。现实中没有空间，广告媒介不能存在，也就无法传递信息。虚拟现实空间是基于物理硬件的，但其信息环境构成了人类活动的空间，人与信息融为一体，故此在虚拟现实中的广告不占用空间，而仅以信息的形式存在，无形无质。换一个角度说，虚拟现实中的一切都以信息为基础表达呈现不同形式，这与物理世界中的一切以粒子物质为基础相区别，粒子占用的是本体空间，而信息占用的是"它体"空间——即信息占用的是粒子空间。另一种可能是信息模拟现实广告媒介，在虚拟现实中呈现，一如今天网络游戏和互联网中的各类广告一样。这种情况下，广告媒介可能有丰富的形式，也有一定虚拟空间的占用；但虚拟现实中的空间是无限的，可以不断生产，故而不具备"稀缺性"这一现实广告媒介的重要性质。信息对空间的解放，使得传播信息更为方便快捷，不需要广告媒体的制作，直接以信息本体进行传播，唯一的要求是取得广告传播的权限，对广告客户进行播送。相对现实世界的广告媒体来说，广告媒体的"稀缺性"由地段、版面决定变成了"权限"决定，也就是现实中，人流量多的地方、受众多的媒体其广告价值就高；转变为虚拟现实中能获得向更多受众传递广告权限的信源广告价值高——二者的本质都是受众数量，但后者更为直接。

虚拟现实中广告对消费者时间的占用缩短，单个广告给消费者带来的干扰减少；广告媒体的空间重要性更直接地体现为受众数量。前者可能带来的影响是广告的个数更多，达到受众的处理上限。也就是说，尽管广告传播效率提高，但这只对广告主和媒体有价值。对于受众，这并不意味着广告干扰的减少。从媒体的逐利性角度而言，只要有可能多的广告主，多数大众媒介总是会将广告时间提升到消费者忍受的极限，而不是默认单个广告时间缩短给消费者带来的便利（有意控制广告数量的媒体除外）。后者对广告的影响更多的是对现有广告资源/注意力/权限的重新分配。当前的广告大量依附于媒体的免费性存在，未来由于资源的有限性是同样的，免费的信息附加广告的做法似乎仍不可避免。

2. 广告媒体的虚拟形态：无形或拟态

虚拟现实的广告媒体和信息混杂程度更深，一段信息中包含的广告内容可以呈现也可以不呈现为视听觉的形式。因为虚拟现实的信息在传播过程中并不依赖于具体的物质，只在信息个体之间选择性地成为"存储和记忆"的直接信息或"模拟现实媒介"

的间接信息。这由虚拟现实的无形或拟态特点决定。所谓无形，前面已多次提到，即广告信息不依赖于虚拟现实系统之外的其他媒介，具有直接性和精确性，是对受众思维记忆的直接影响。在这个前提下，广告媒体的形态实质是不存在具体实物外形的。广告夹杂在其他有用或无用的信息内，以碎片化和高效率的方式进行传输，消费者只能被动地接收广告，然后删除广告信息或保留广告信息。幸而这个过程也是极短的一瞬，而且得益于智能化，并不需要人工过多干涉。所谓拟态，是指广告在信息环境下也可以模拟为传统现实世界中的任何一种广告形式，例如虚拟的户外广告牌、虚拟的电视机中播放的电视广告等等。在虚拟现实环境下，人的生存方式纯数字化给人带来的不适应主要是大量数据的快速交换，这对人的精神生活是一种高度压力的模式，因此相应的降低精神生活的紧张也必然成为一种追求。拟态是指对传统物质世界的模拟，在其中虚拟个体可以体会到类似现实物理世界的各种感受，甚至生存、生活；如从事经济活动和社会交往。在拟态方式下进行的虚拟生存，人的感觉与现实世界类似，因为这是人对现实的一种习惯，其间所有的人、事物之间的互动方式类似现实世界，其目的是更舒适地适应虚拟现实或寻求一种现实的感觉。

3. 广告对记忆的侵占

虚拟现实中的一切信息均以"传播即到达"的方式进行交换，广告信息和其他信息一样，在瞬间便完成了信息的传播，受众在接收有用的内容之时，广告也就完成了对受众记忆体的写入，即"存储"。对于虚拟生存而言，"存储"即"记忆"，广告获得了受众的记忆，也就是广告传播过程的完成。广告传播不再是受众注意力所能左右的——对于报纸或电视，人们即使尝试去记忆一条广告，在一段时间之后，或也往往难以100%地正确回忆或复述广告的内容，这是人的遗忘机制在发挥作用。而虚拟现实中"遗忘"却难以实现，因为记忆要么存在，要么不存在，也没有"准确"和"模糊"的差别，除非对我们智能的模拟实现了这样一种"模糊化"和"遗忘"的机制，否则任何虚拟现实下对个体的信息都将成为永恒的、精准的记忆。在这种机制下，与现实不同的是，我们作为消费者对广告可以有选择地过滤和保存。虚拟生存个体的智能化依托于电子和机械，其对信息的归类、整理、提炼、整合、检索的能力高于现实个体。例如，我们在现实中常常会遇到这样一个状况：对某个模糊记忆中的一则广告所宣传的产品或服务有了兴趣，却不记得当初看到这则广告的具体内容，也无法找到刊载这则广告的媒体。这是由于现实生存中人的遗忘机制在发挥作用。由于人脑的容量有限，我们看到的、听到的信息被选择性地储藏在大脑中，有用的、常用的信息反复被大脑"读取"，得到了强化；而不常用的信息，逐步被大脑遗忘，最后"删除"，成为不再存在或不再能唤起的信息。广告信息的特点是不确定未来何时有用，而且由于竞争产品和服务的不断涌现、日常广告信息过多、信息获取简单等主客观原因，我们不会去特别记忆一条广告内容，除非主动积极地将广告信息背诵或抄写下来备用。这种情况我们称之为广告命中了潜在客户，这是较为稀有的。一般情况下，现实中的我们无法确定何时需要这个广告信息，于是逐渐将其淡忘，最终只剩下模糊的印象，即这大概是一个什么东西或服务，这对于软性的品牌广告而言还算有用，对于服务性、非品牌广告需要回忆起广告中的"硬"内容，例如联系方式等，就不起作用了。虚拟现实依赖机械和电子物质可以将广告信息完整无误地保存在虚拟个体的硬件中，通过关键词建立、归档等方式，可以随时调用。

虚拟现实广告：从企业的角度

除非我们某一天能达到对资源的无限利用，否则我们仍然必须进行生产和市场竞争。作为市场竞争的主体——企业，和市场竞争的主要手段之一——广告，其本质恐怕在虚拟现实下也不会发生大的改变，追求利润（资源分配）仍然是企业的主要目标。但其手段和方式、外在的表现必须与消费者生存方式的转变相一致，面向虚拟生存的消费者进行广告的市场调查、定位、计划和策划；对虚拟生存个体的需求有更深刻的洞察。

1. 虚拟个体的物质和精神需求

使用外置虚拟设备的虚拟生存、半虚拟生存、纯虚拟生存三种情形对个体的物质和精神需求有较明显区别。使用外置虚拟设备而人的生物性不进行削减，这是虚拟生存的初级阶段，人类同时存在于现实世界和虚拟世界中，虚拟世界对现实的介入程度不高，只是作为现实生活的一种补充（尤其在社交和娱乐层面）；人类随时需要退出虚拟生存来维持现实生存，这时候人类的现实需求与没有虚拟设备的生活方式并没有太大的不同，唯一的区别是对物质的需求"可能"因为虚拟生存的高度卷入和愉悦（或刺激性）而显得不那么重要。极端的例子如今天现实中不时见诸报端的对网络沉迷的极少数人，他们可以为了网络也即某种层面的虚拟生活，天天吃泡面、睡网吧；这在现实生活的人看来是不可理喻的。但简单化看问题，这只是因为虚拟生存的极强吸引力，人在面临这样一种新鲜体验时愿意投入更多时间、削减现实需求也就不足为怪。

对于企业而言，虚拟个体的这一特点，即享受虚拟生活方式，对于企业在虚拟环境下的广告有指导意义。物质性需求的降低，精神性需求提高，对于物质形态为产品的企业广告，应更重视其基本性能宣传；对于精神性产品则应更精确地确认消费者是否为目标消费者，掌握其社会属性，如兴趣、受教育程度、收入等方能有的放矢。换言之，传统的广告定位在虚拟现实中可能要重新思考其方法论。现实世界中，存在着不同的经济和社会地位差异，这种差异体现在消费行为和品牌认知的各个方面，当前的广告主和广告公司都极为重视广告定位，并将其作为广告活动的起点。

现实世界中的消费者在物质需求上是一致的，在实现最基本的维护生命目标后，追求符合自身地位的物质享乐、精神愉悦，只有定位于准确的目标客户上，广告才有意义。虚拟个体在基础的联入虚拟现实这一需求上是一致的，对于虚拟个体而言是维护虚拟生存的基本目标，但又不是最终目标，他们仍要追求精神愉悦——请注意，这里已经没有了物质享乐，这是虚拟现实颠覆现实世界的重要特征，尤其在纯数字化完全虚拟个体而言。部分虚拟化个体在人脑仍然起到核心作用的基础上，物质刺激仍然通过脑部的化学反应令人愉悦。而完全虚拟化的个体物质基础是基于硬件和电子感官，而非生物感官，化学反应自然也就不存在。

　　企业的广告定位是基于有能力购买其产品或服务的人群设定的，市场细分更进一步在其中进行不同标准的分类，这构成当今市场营销活动的初步机能。因此其基本前提是人的经济或资源等级、社会地位的差异性。在虚拟现实中，人的这种差异仍然存在，因为虽然他们都是基于虚拟系统的生存者或机构，但不同个体之间的硬件基础、软件／应用基础仍存在差别。这是基于现实世界中的物质基础而来；在接入虚拟现实系统之前，人的生存方式差异可以直接决定其在虚拟现实中的地位；但反过来在虚拟现实中的经济活动也可能增强或削弱现实个体在现实生活中的经济和资源地位。例如通过虚拟生存的一系列活动增加其虚拟财产，而虚拟财产与现实财产之间可以交换。现实系统和虚拟现实系统之间存在互相影响的关系，这种关系主要是经济和资源上的。因此，广告定位依然会在虚拟现实中存在，因为即使虚拟产品也存在质量上的差异，需要具有不同经济能力的消费者或用户购买，企业的广告传播不可能不加区别地投放。

2. 广告的精确投放

互联网广告从引入 cookie 这一用户信息收集保存工具后，就一直面临着消费者隐私的争议。互联网广告对客户信息的采集和利用是一把双刃剑，它既可以精确地匹配客户的广告需求，也可能侵犯客户的隐私。抛开争议性不谈，未来的虚拟现实环境由于更具智能化，客户本身也是数字化的存在，故此广告的精确投放将比今天更为发达。互联网广告历史之初，对网络受众的兴趣、爱好并没有进行统一的数据管理和行为分析，静态的、固化的横幅广告、弹窗广告占据了电脑屏幕的主要位置。一个男性用户浏览到女性产品的广告，或是青少年浏览到老年保健品广告等这样的信息错配往往难以避免，造成广告预算的损失、网站服务器的额外负担和网络流量的浪费。虚拟现实环境实际是由信息构成的环境，其中任何事物都由信息构成，信息可以被感知（以现实拟态的方式或虚拟个体记忆的直接存取方式），虚拟个体以信息化生存的状态暴露在信息环境中，这与现实环境中的个体与信息之间的天然鸿沟不同，广告服务商、广告主对虚拟个体的信息掌握更精准更全面，这是虚拟现实生存者进入虚拟现实环境后与生俱来的一种被动状态；虚拟现实的生存过程是信息不断更新、补充、删减和存储的过程，这个过程构成了人的活动日志（现实生存中，人的行动也会在环境中留下互动的痕迹，但这个痕迹作为信息来讲，并不会被搜集）；虚拟现实中的任何个体都存在系统自动生成的日志，这个日志是琐碎的、无深刻意义的文件，但当日志随着虚拟个体生存的时间长度逐渐积累，达到一定的分析条件，便可以通过其判断出个体的社会属性和经济属性，以及兴趣爱好偏向等。当社会中的虚拟个体活动作为一个整体被分析时——即所谓的"大数据"——便具有了社会学意义。

广告精确投放只是虚拟现实作为信息化系统层面的一小部分与广告领域结合的成果。对于广告主和其他营销组织而言，对个体的信息掌握可以达到一个新高度。而对广告受众则意味着无用广告干扰的减少。虚拟消费者具有超越生物体质的软硬件能力，借助一定的功能软件应用，消费者可以精确过滤向自己散射来的广告信息。例如广告中的关键字可以作为一个过滤对象，发达的语义网络可以分析信息中的多个关键词组，以鉴别这则广告是否属于消费者"白名单"中，如不属于，则直接过滤，不会影响消费者。这与现实世界中的广告与用户之间的跨系统传播不同，传统的音、视频广告或平面广告与消费者之间是没有过滤器的，因为他们属于不同的系统，即使消费者有意过滤某个关键字的广告，由于没有这个功能和平台，消费者只能采取"系统间互动"的方式——如换台、翻页等来实现对广告的过滤，但这种过滤是不完全的，是接触广告后的一种排斥行为，既浪费了广告主的时间和成本，也浪费了受众时间和精力。虚拟现实中的这种精确智能化，可以很大程度上使得广告主的广告达到目标消费者脑海里，剩下的问题就是与对手的广告竞争了。

不过，与现实世界的情形不同的是，虚拟现实的个体有可能以完全异于自身经济和社会地位的形象出现。虚拟现实生存提供的场所相对于现实而言是一种逃避或远离，这使得虚拟生存个体的形象往往与现实生活有很大出入。而这种出入可能体现为其在虚拟现实中的行为，包括消费行为和社会交往。即使某些应用采集和记录了虚拟个体的这种行为，也无法构成对此虚拟个体的准确定位，对于虚拟现实下的广告调查而言这是一种挑战，即如何区分真实的潜在客户和非真实客户？尤其是在现实世界的物质形态消费品，要在虚拟现实中进行广告，必须小心翼翼，以免造成广告预算的浪费。但对于虚拟消费品和精神消费品而言则不存在这个顾虑；因为虚拟个体的生存方式所导致的消费，仍然符合虚拟个体的形象。举例说，一名男子在虚拟生存中扮演女性角色，他在虚拟生存中的消费行为，依然符合女性的形象（否则他无法维持这一女性形象，而维持女性形象正是其虚拟生存的基本目的）。但作为一个刮胡刀的潜在用户，虚拟现实中的广告可能无法触及这位目标客户。因为通过授权和隐私规则，该男子可以防止被采集到现实信息。但在很大概率上，一名尝试与其现实属性完全相反的虚拟角色的生存者（不论是性别、收入还是其他属性），其在虚拟现实中的活动时间越长，其留下的"信息痕迹"始终会或多或少地暴露其真实属性。

3. 广告创意倾向

广告创意是具体广告的内容的艺术化和科学化的倾向、程度和表现。广告本身是传递产品信息的信息，但为了吸引受众注目、强化受众记忆以及与竞争对手相区分，广告信息必须带有一定的创意，才能达成以上目标。或者说，广告内容分为"硬信息"和"软信息"两大领域，"硬信息"是产品的性能、规格、产地等可量化的、特定的、具体的信息，这些信息是客观的、对于产品而言是不变的常量；"软信息"则是为了使消费者更好地对"硬信息"形成印象和记忆而增加的艺术化的表现手法。广告学理论将广告创意区分为"理性诉求"和"感性诉求"两大情形，实质上也是对产品中的"硬信息"和"软信息"的占比进行描述的一个手段。当前的多数广告同时使用两者进行传播，但在对两者的比例混合上有所不同。即一则具体广告中，是使用理性的、科学的、严谨的表达方式，还是使用激发受众好感和愉悦心情的、相对人情味的表达方式，取决于很多因素。包括：

（1）产品种类是生产工具抑或消费品。生产工具要求的是可靠、高效率，使用工具的目的并非为了个人感情需求，而是为了经济效益，所以对其使用理性的描述、清晰的语言更能吸引目标受众。在生产工具类产品上使用感性诉求反而会导致不严肃以及信息缺乏的形象。

（2）广告主的阶段性目标。广告主有时需要推广具体的产品，有时需要推广企业品牌形象，具体产品一般涉及产品性能参数和新特点较多，倾向于理性描述或结合感性的理性描述；而企业品牌形象则倾向于感性描述。

（3）大型消费品或快速消费品。大型消费品如房屋、汽车等需要大额支出的产品，购买者相对慎重，不易受到感情影响，故需采用理性描述或结合型描述。快速消费品如饮料等小额支出产品大多数采用感性诉求。

虚拟现实中的一个变化是人类对物质需求的降低。这种降低并非指虚拟生存个体不需要物质层的提升如更高级的硬件、更有效率的与现实互动的工具；而是指虚拟个体在现实世界和虚拟现实两个系统间重新分配了资源，其在虚拟现实中投入的物质支出并不能与现实世界相等。同时，虚拟现实中精神产品的丰富诱惑其将主要的个人资源投入其中。影响到广告创意则是感性诉求创意在精神产品品类上更为常见；理性诉求创意在物质产品品类上更为常见。虚拟消费者可以借助自身应用程序快速过滤各种信息，广告信息必须简单、精确；广告创意不宜复杂。试想在一个电脑化的快速计算数据流中，插入一个复杂冗长的创意对消费者计算能力和时间的占用，与今天的强制弹窗广告一样，无疑是令人厌烦的。

4. 广告调查：更少、更准

广告调查实质是数据的收集和分析，并将其运用于广告战略中的环节。在今天，信息化与现实社会的结合，带来了大量的数据化和精确化。人类在历史发展上第一次可以大规模地运用大量的数据来指导生活。例如每天的天气预报，需要海量的数据运算才能形成。我们通过各种传感器收集到的天气数据集合起来，构成了对未来的解读。在信息化以前，天气只能用经验来预测。随着数据越来越多，我们的智能化在提高，运算模型不断改善，对天气预报的精度也在不断提高。一个看似简单的例子，背后是信息化与否、信息化多少的根本区别。信息之所以成为一个系统，一个"拟态环境"，是因为它越来越复杂、越来越智能，信息随着人类出现而出现，但在系统化之前，信息只是现实世界的零碎反映。而信息的量的积累，是信息复杂性的基础。也就是说原来只存在于纸张上的数据，并不成为今天的信息系统的组成部分，虽然这些数据通过人工录入到今天的信息系统当中，但在数据录入之前，纸张上的信息是"另一个系统"，是不能被今天的信息化系统利用的。这是老旧的世界和新世界的区别，也类似于当今世界和虚拟现实世界的区别。当今世界的信息化程度继续积累，就能在复杂性上比肩、最后超越现实世界。今天的信息世界来源于信息化之前的旧世界；未来的虚拟现实世界将来源于今天的信息世界，而这正在发生，而且以几何数级在进行积累。今天存在于世的一切旧介质（报纸、杂志、广播、电视），实质上是和信息系统（互联网）相分离的体系。旧介质虽然具有数据，但它们是无组织的、无法利用的；只有以"虚拟"的"信息"形式进入了信息系统（电脑和互联网、智能化软件），它们才生动起来，成为我们触手可及的一部分，成为这个庞大的世界性信息网络的一部分，并将自身与外界互动起来。而虚拟现实世界在信息的量积累到一定程度后、智能化达到一定水平后，其必然脱离旧的信息网络，成为独立的主体。

广告调查的结果是数字化呈现的广告受众的特征，归根结底还是数据。数据的收集和分析在虚拟现实环境中显得非常容易（在得到受众授权的前提下）。因为在现实当中数据的收集需要经历系统间的信息交换，也即现实系统和信息系统之间的信息交换，例如调查用的纸笔、心理测量器材、视觉焦点追踪工具等等，他们属于现实世界的物质工具，这些工具得到的数据，需要人工转换为信息系统的基本数据，才能加以利用。尤其是大规模的数据录入，对于广告调查而言是一项不可避免又艰辛的基础工作，需要耗费大量人力。但一旦录入完毕，在信息系统内的处理速度却几何级倍增到以"毫秒"为单位计算，即数据的分析可以在瞬间完成。考虑到虚拟现实环境中生存个体的信息化程度，我们可以断言，虚拟现实对比现实和信息现实，能够产生巨大的效率差距的，并非系统分析的步骤而是基础信息录入的步骤。原因非常简单，虚拟生存个体的数字化使得对其进行的调查不再依赖现实和旧的信息世界（混杂有现实物质世界的今天）的工具，纸笔等旧世界的工具在虚拟现实中消失了，或者说信息收集工具的形式变化了，与虚拟生存个体一样无形化、信息化。这是同一个系统之间的信息交换和传播，而不是旧系统和新系统之间、旧媒介和新媒介之间的传播。广告调查更快速，表现在广告主可以瞬间获得大量的已授权的用户的信息并瞬间形成广告调查结果，这一结果是最新的，甚至可以是随时获取、动态变化的，因为消费者数据和消费者现实之间的距离已经被缩短到极限，虚拟现实中无形的却是智能化的应用工具在操作这一切。当然，与现实相同的是，广告主仍需为广告调查付出经济或其他资源作为代价，同时也需要获得受众权限。

广告主设定广告调查行动后，付出相应的代价，获得用户授权后，很快就能获得调查结果，这一切归功于电子化、数据化和智能化的虚拟现实环境。可能有人会质疑，虚拟现实环境与今天的网络环境在快速响应各类数据需求上不是同样的吗？这里就涉及前述的"跨系统"与"系统内"传播的区别。总之，得益于虚拟现实环境的纯数字化，广告调查将更快、更少。更快，就是效率的提高和时间的缩短，体现在大量的调查行动本身可以通过虚拟现实生存个体的"日志"获得；也可以进行新的问卷调查，在虚拟现实下这也是瞬间完成的。无论对广告主还是广告受众，这种行动耗费的时间即使不接近于 0，也是相对现实世界少得多。更少的广告调查，是由于广告调查结果的获取几乎是瞬时性的导致广告调查和动态现实数据逐步融合，广告主可以一次获得授权而长期、连续、不间断地掌握消费者的消费行为和日志，广告调查的必要性减少。我们在现实世界中之所以要不时地调查广告受众，是因为"系统间"的不同步，即现实世界和我们的信息系统所反映的现实的不同步，后者滞后于前者。虚拟现实生存把二者同化，信息系统即我们生存的世界，因此两个系统融合带来的是我们对现实世界的把握是一种更接近于真实的信息。不仅仅是广告调查，任何调查在现实世界中反映的都只是过去一段时间所发生的事实，存在滞后，故此我们需不断地、间断性地更新我们的信息。而在虚拟现实中，这种滞后消失了，广告调查的次数也就降低了，只有在难以获得授权的信息上才需要进行"非即时"的调查。

5. 广告主和广告公司

今天的现实世界中，部分广告主采取和广告公司合作进行广告活动的方式；部分小广告主的小型广告活动出于成本考虑采用自行策划组织的方式；也有一些广告主自行策划大型广告活动是出于对广告活动整体掌控的需要。一般认为，广告公司由于具有专业性并拥有业内资源，在操作广告活动上更有效率，广告主亦可根据自身情况来进行独立或外包的广告运作。未来虚拟现实环境下，这种情形是否会产生变化？笔者认为，由于虚拟现实中的企业个体仍存在大小、强弱的资源和实力差距，故而在广告活动中的差距也必然存在；同时广告公司在虚拟现实中仍然存在，其专业性不会降低，但其专注领域可能改变。

首先，广告公司的专业性由现实世界的"硬"实力向"软"

实力转变。在现实世界中，广告公司之所以能够在广告主和广告活动之中生存，仰仗的乃是其人力资源、广告制作硬件等可见因素；在虚拟现实的广告环境下，广告公司具有的是软件资源，即特定领域的权限和运算能力，例如对某一特定消费者进行访问和调查的权力。这种权力可能是在长期运作当中积累起来的用户资源，也可以是专业的软件或应用知识产权带来的优势。广告公司在现实中的优势，例如与媒体的合作关系，可以以优惠的价格购买广告媒体资源，也转为无形化和虚拟化。在传播即到达的虚拟现实中，广告主自身不能对所有消费者同时发送广告，除非通过广告公司积累的用户资源和行业资源才有可能有针对性地向部分授权受众发送广告。由于信息量在虚拟世界中极为海量，无论软硬件资源都决定了任何专业组织只能有限地从事专业活动，跨组织的行动不可能实现专业化，这也是广告公司继续生存的理由。

其次，广告公司在获取用户授权上需要做更深入的工作。传统的广告公司和调查公司有所区别，除非大型广告公司有自身的调查部门，中小型广告公司与调查公司是相互独立的。对于调查公司来说，获得用户数据需要大规模的用户调研，传统的方法是街头访问、邮件调查、电话、email 等；而虚拟现实中这一切都大大简化，全部为数字化用户，调查可以在瞬间完成，唯一的前提是获得用户授权。在传统的调查过程中，对用户信息的获取要付出资源，例如小礼品、少量现金等，以作为用户参与的补偿。这种用户授权是即时发生的小型合同，持续过程短，基于面对面的随机陌生人信任模式，信任程度较低。在虚拟现实中，如果要获得对用户的多种信息，需要有长期的授权，而非每次访问用户去请求获取，因为那会引起用户的厌烦。即是说，广告公司可以在背书和担保用户信息不被滥用的前提下，与虚拟现实个体签订有偿或无偿的协议，对虚拟个体的信息进行采集和利用，这是广告主所不能做到的。

第三，广告公司的策划与媒体发布仍然是其核心竞争力。虚拟现实中的广告主，能否跨越专业的藩篱，取代广告公司的部分业务？这个话题甚至可以进一步扩大到其他领域，即类似广告公司这样的专业化服务型中介，在虚拟现实中的生存处境会如何？是否有继续生存的条件？从宏观的角度考虑，似乎答案是肯定的。因为资源的不平等是这个物质世界的根本问题。只要资源的不平等存在，虚拟生存和现实生存的个体之间、组织之间都将资源最优化利用作为主要手段之一，并以此作为获得更多资源、社会地位的根本。没有人或组织能够无限利用或只利用自身的资源就能实现更为广大的目标。现实中的人或组织，其时间、精力都存在极限和成本限制；虚拟现实中的个体通过数字化和计算能力，将时间限制削减，但这种削减带来更多的其他工作占用其硬件资源；虚拟生存的根本是硬件负荷，这始终是有限的。广告公司这样的中介性服务组织存在的意义便在于降低广告主的负荷，令广告主有更多的资源集中于其核心业务上，此点与当今的现实并无二致。

从技术上看，广告公司的存在也是必然。虚拟现实的硬件层并不经常性地呈现为虚拟生存的内容，正如电脑桌面上，我们运行各类功能的软件，但除非发生硬件故障，我们一般不去关注硬件层。硬件的正常工作状态对于用户是后台，一般而言无须用户过多干涉。虚拟现实中的组织及个人都以无形的方式存在着，以某种或多种功能性软件为信息的组织方式，如广告公司必须具有类似现实中对媒体的发行量、收视率进行监控的功能，这一功能与广告公司的其他专业应用一起，构成了广告公司的核心竞争力，通过对不同应用的整合，得到可供广告主使用的信息，或对广告主设定的传播目标进行监测实现。那么，广告主或其他个体能否直接使用广告公司的应用来实现同样的目标？答案是：大部分情况下不太可能。原因一是专业应用的开发成本将成为虚拟现实的主要成本之一。为了生存竞争，虚拟现实的企业都必须构造自己独特的业务应用，其成本必然昂贵，可以理解为现实中的企业并购。虚拟现实企业的核心是与其他竞争对手不同的功能，享有他人企业的功能无异于兼并或付出较高的代价。其次是接口。虚拟现实的企业功能复杂度高，单一应用无法构筑企业体系，必须具有多种目标应用，可以借助现实中的企业功能模块化理解，如财务、人力资源、制造部门或事业部。这么多的应用只能统一在该组织的独特接口之下。在不同应用之间的信息才能得以传播，其他企业无法通用。第三是体系化的应用。单个应用即使解决了成本和接口问题，作用也不大。例如一个提供用户数据调查的应用，提供给广告主独立使用，其获取的数据无法按照设计的结构传递到后续应用中，等于说这个数据是孤立的、一次性的，只能起到有限的可供分析的作用，无法直接利用，还必须重新按照其他应用的数据结构整理。

虚拟现实下的广告创意

虚拟现实下的广告创意与现实世界下的广告创意有什么区别呢？要搞清楚这个问题，还是要先讨论虚拟现实下人的思维和信息接收过程。现实中人们会因后天的生活经验不同、先天生物性上的差异对不同的信息作出不同的反应，例如中国北方人的一则笑话，在南方人听来可能不知道笑点在哪里；反之，南方人的笑话在北方人听来又过于直白。中国的相声在北方较为流行，小品在南方较为流行，可能代表了南北方中国人语言接收和信息解读方式的区别。又如郭德纲和周星驰，以郭德纲为代表的相声表演者善于从言语中找到意外和幽默，而以周星驰为代表的演员则更多利用肢体配合下的搞笑动作。这样的区别只能从后天的文化因素中寻找，即语言文化等后天因素的影响对个人信息接收和理解的差异。体现在现实世界的广告创意中，一则有所用意的、非直白式的广告创意，有人能看懂并津津乐道，有人却不明就里；或者所有人都能看懂，有的人觉得幽默，有的人却认为无趣。在现实中的信息传播是跨系统传播，编码和译码过程较为复杂；在虚拟现实中这样的广告信息在受众理解上会否与现实一样？

　　广告创意不同于新闻，需要不同的解读模式。新闻是事实的传递，在同一文化语言体系下，新闻语言所使用的文字和图像，不同个体之间的理解差异并不大，因为构成新闻的文字语言指称的概念和范畴是个体习得文化的基础；不同个体之间在同一语言体系下，首先是取得词语的基础意义，然后才能在文化上同一，与他人进行交流，这是基础的交流模式。而广告创意是文艺和科学的结合体，基础的字词意义在艺术中被模糊化、多元化，不同于新闻的客观严谨，广告创意更追求受众的记忆和震撼。因此广告创意的解读是具有艺术性的，传播主体和接受主体之间有一种"意会"的、可以由传播者暗示，受传者自我启发、自我确定的非客观事实。在现实广告运作过程中，广告创意迎合的是目的受众之爱好和特征，包括他们的经济收入、价值观等；这里隐含的前提，是市场调查所确立的目的受众对某种言语、图像以及它们呈现和代表的文化的乐于接受。语言文字、图像和声音构成了信息的组成部分。在虚拟现实下，个体之间的传播，可以纯数字化；用物质世界的角度看，信息的组成为无形、无色、无味的电波和电流，只有通过同一系统内的编码和译码过程才能解读；也就是现实世界中的广告创意分为客观文本和主体所理解的意义两个层次；而虚拟现实下的广告创意传播也可以分为两层：一是客观信息；二是主体对信息的理解。

通过对以上方面的分析，我们可以确定，不仅仅是广告创意，所有包含有艺术性成分的内容，不论是在现实世界还是虚拟社会的个体之间，其信息传播过程可以分为两个阶段：一是个体之间客观信息的传播，即艺术化内容中所描述的客观世界，可以量化或具象化的事物，例如一幅画中的花朵的大小、形状、颜色，一段艺术语言的基本字词组合——以文字、图像或数据的方式在个体之间传递；二是对艺术化内容的主观理解即个体内向传播，即在接收到前一阶段的客观信息描述后，按照个人的经验、记忆、感情模式、智商水平等对客观信息进行解读，理解其意义。例如对画面中花朵的背景的理解，是一种欢欣还是一种抑郁？根据个体的常识性经验，如黄色代表欢快、蓝色代表忧郁，就可以给出初步判断；但这还远远不够，人的理解力并不仅仅限于局部，而是全面解读，包括花的背景、画作的主题、画作的其他内容，甚至创作者作画的心情等等。总之，在第一阶段传播的信息是清晰的、客观的，而在第二阶段的内向传播则是模糊的、主观的。那么，广告传播中的艺术化内容能否取得虚拟个体的解读？回答是肯定的。无论是生物脑还是电子脑，其之所以能符合"脑"的标准，必然是具有主观能力、记忆能力和感情能力。人的纯数字化（半数字化因其无法抛弃生物脑，故在此问题上与现实生存无区别）并不影响对艺术内容的个人化解读。

所有的艺术内容，包括广告创意，虽然在传播速度和信息被接收方式上存在一定区别，但是对虚拟现实生存的人类而言，其接收、解读过程本质上和现实生存一样，只是速度更快。而且考虑到虚拟现实的纯数字化，艺术性内容对于受众而言，可以选择接收方式是以模拟现实世界的感官接收，或以纯数字化的"感觉植入"式接收。我们知道，客观信息相当于原料，而主观感受则相当于原料的解读和消化后的成果，如果用信息的观点来看，两者都可以转换为客观数据，在电子环境中传播。可以用来类比的是现实中的个体之间的图像、文字、语言等的对客观存在的直接表达相对于个体之间试图倾诉感受的场景。模拟现实世界的艺术内容，对于虚拟现实来说其必要性在于：

第一，安全原因。直接"植入"感觉类似于现实中的情感倾诉，需要一定的人际关系和信任度。换言之，虚拟个体的情感领域属于私密性较强的领域，只有在获得权限后，信息接受者确认对自己无害的前提下才会允许。在当今的现实中，陌生人之间通过网络匿名聊天也可能产生信任和情感倾诉，但其前提是确认对陌生人倾诉信息无害，而另一方又愿意倾听，这是双方合意的结果；而且在网络聊天中人与人之间实际是"跨系统"传播，传播内容不会直接造成个体恶意损害。虚拟现实中则完全不同，即使陌生人之间的信息传播也属于虚拟现实大系统内的传播，虚拟现实对于虚拟个体而言就是生存现实；信息植入等于对虚拟个体的身体的一部分进行侵入和改变，是有一定风险的。故而必然存在模拟感官式接受的方式。

第二，自我意识。在现实生活中，我们给他人推荐一部小说的时候，会通过讲述自己的读后感来进行推荐。但对方是否会阅读这部小说，是基于我们的推荐，以及对方的自我意识的选择。如果产生了阅读的动力，则是对他人读后感的一种好奇或肯定，这就可视为"感觉植入"成功；没有产生阅读的愿望，则意味着感觉没有植入，或曰没有取得同理/同感。但是这个过程并没有结束，对方在愿望产生后一定会付诸行动，才能对之前的感觉植入进行评价，更重要的是产生"自我的观点"。为什么我们会倾听，但不会轻易以别人的感觉作为自我感觉的终点？这就是人的自我意识的要求——好奇、怀疑、自我实现都是其核心。总之，人的主观能动性决定了我们不会以他人的感觉作为自我感觉的终点。

第三，慢生活和诗意生活的需求。虚拟现实生活的全面信息化，使得人被裹挟在信息的洪流中无法自拔。当今可供参考的例子即手机。手机作为一种信息终端，在经济学意义上给生产力带来了极大的促进；同时在社会学意义上也使得工作场所的压力剧增。在手机广泛使用以前，由于缺乏有效的联络手段，一个普通白领职员在下班以后就不太可能回公司加班；以及他在公司以外处理事务时能具有更高的自主权；生活和工作的界限较为明晰。这是由于信息化不够发达，而企业管理者无法随时随地"触及"下属带来的；在手机广泛使用后，企业主、高级管理人员在信息上打破了下属"工作和生活"的界限（虽然未能在地理上打破），利用不对等的社会关系给下属施加压力，下属从而得到更多、更频繁的工作指令，并随时被公司捆绑。手机作为一种工具，在人类历史中对个体心理造成压力的增加是十分明显的，考虑到中产阶级被称为"社会稳定器"，这一阶级的心理压力会转移、释放，或导致其他社会问题。试想一部手机就能给人类社会的经济和社会层带来如此大的影响，遑论虚拟现实纯数字生活可能对人类造成的负面心理效应了。因此"慢生活"或"诗意生活"在虚拟现实中会成为一个独特的存在。在这个背景下，任何对现实的模拟，实质都是在回归现实的慢节奏，给人类生存意义的深度思考。

虚拟现实中的广告成本及预算

与物质世界不同，虚拟现实中的广告活动是无形的，即使以拟态方式呈现的外形，也只是数字化的结果。因此广告成本可以统一为数字化的成本，但成本本身并非无形。虚拟现实中要完成任何活动，都要消耗资源。在现实世界中，资源的消耗可以以货币形式体现，在虚拟现实中也存在货币化的等价交换物，即任何虚拟活动发展以及虚拟个体生存需要的数字化货币。当今的虚拟货币指的是互联网中以"比特币"为代表的一系列货币，其特点是匿名性、去监管、去中央银行、自由转移、硬件依赖。匿名性指货币转移、支付的双方都不清楚对方的身份，仅需一串数字账户即可代表货币所有者；它不由任何银行发行，而是通过特定的算法由计算机安装特定软件进行计算挖掘，有上限，但无最小单位，具备一定的稀缺性，在挖掘出后便成为个人资产可以进行支付转移。它严重依赖硬件和软件，具体而言，比特币存在于硬件存储器（如硬盘）上，一旦硬盘丢失，虚拟货币也会丢失。虚拟货币的产生具有极大的争议性，最主要的问题是其匿名性和去监管能力使其成为非法交易和黑色资金的集散地。人类的虚拟货币系统目前已经基本成形，早于虚拟生存的普及，原因是金融系统本身是可以抽象化的，货币的简单数字特征使得其数字化尤为便利。未来的虚拟生存系统中，现实世界的金融系统也将融入，提供无形但可监管的虚拟货币，这是与"比特币"等非官方虚拟货币最大的不同。我们谈论广告成本，应基于正式的官方发行的、与现实世界挂钩的虚拟货币成本。

企业在虚拟现实中的广告传播，其传播的范围、持续时间都受到其所付出的成本的制约。毫无疑问，与现实相比，虚拟环境中广告传播的范围和持续时间仍然作为主要变量而存在，但传播范围意味着能获得的广告接受者权限，而不再是一个地理概念。传统广告传播以地理为"范围"的衡量标准之一，"受众数量"为衡量标准之二，因为在物质产品的属性上看，有可能涉及不同地理环境下的不同品类，例如加湿器这样具有较强地域性的产品；又或者由于媒体的运输、发送接收等导致的时间差引起的广告地理差异。但在虚拟现实环境下，"传播即到达"，物理上的空间概念消失了，虚拟环境中可能存在10亿人，也可能只存在10个人，但传播的范围都被虚拟现实环境所"包含"，这与现实中的广告传播略有不同。

广告传播的时间在传统广告中显示为"持续的"时间概念，因为人对传统媒体的接收能力是线性的、基于时间的。一条平面广告需要一定的阅读时间；一条视频广告需要一定的观看时间。这是由于现实系统和人的内部系统是分离的、互相独立的两个系统造成的。而虚拟现实环境下，人和世界/自然/物质/媒介处于同一信息环境下，任何个体之间，包括虚拟现实组织和个人之间的信息传播都是一个内部过程，即"传播即到达"。时间的观念在很多情况下不再是线性的，而是并行的。虚拟个体可以在瞬间接收到十几条乃至几百条广告，这在现实世界中不可能发生。因此，企业广告传播的时间中，其"持续"性不再重要，而更多地体现为"频次"，即企业反复传播的次数。我们把广告主的一条完整的广告信息从发送到受众接收完成视为一个完整过程，这个过程在现实中的持续长度可能影响到受众的心理，例如受众可能因其太冗长而觉得厌烦；但在虚拟现实中，基于非生物性的物理硬件记忆体可以将广告永久保存，除非用户将广告信息进行删除，或者广告信息需要更新；这种情况下，广告信息才有必要进行二次或多次传播。这就意味着，虚拟现实下的广告信息，如果不需要更新的话，一般情况下只需传播一次，之后当消费者删除了广告，可能再进行传播。相对于现实世界的广告活动，这显然能大大节约广告主的广告费用。

虚拟现实、电影和电视

虚 拟现实在向我们走来，这已经是暴风雨的前夜，而不是天方夜谭和终极幻想。虚拟现实中，人们的娱乐方式会发生何种深刻的革命？电影和电视，作为影响人类生活和观念最多、最大的娱乐媒介和工具，会如何变革？电影、电视作为两个不同行业又将如何分别发展？这都是令人感兴趣的问题。研究这些问题虽然不能马上为我们的影视业提供立竿见影的转型发展参考，但可以引发我们对未来的思考，发现思想的新大陆。

电影和电视的大部分功能是提供娱乐，尤其是电影。纪录片在电影和电视当中所占的份额不多，其赋予电影和电视的人类学意味在人类巨大的娱乐需求面前显得微不足道。当然，我们并不是否定其记录人类历史和传统、文化和性质的功能，而是重点探索电影和电视的宏观方面。此外，我们也不会忘记，电视还具有提供新闻信息的功能，这一点已经在前面的章节——虚拟现实新闻中探讨过。故此，本章重点在于展望电影和电视的娱乐功能在虚拟现实中可能的境况。

电影和电视是我们当今两种最大规模的单一媒介娱乐形式。以两个简单的数据来看：2014 年全球电影票房为 375 亿美元[①]；全球电视业市场约为 600 亿美元[②]。互联网是一种基于信息传播方式的新媒介，是旧媒介的融合，故不能作为单一媒介形式看待。我们所说的单一媒介形式，是指有着较为清晰明了的传播方式（视听觉传播），受众和媒介之间没有互动的单向传播工具，这是为了与互联网和虚拟现实进行区分而作的定义。

电影和虚拟现实

如果将人的生物感官进行重要性或娱乐性的排序，大部分人可能会将视觉排在第一。这并不需要太多理论的阐述，仅凭直觉我们就可以知道，视觉为人们带来的细节更丰富，感知到物体的形状、大小、颜色等多种属性及其组合。而听觉和嗅觉、触觉、味觉则较为单一或曰对人的刺激程度不足。在漫长的人类历史上，人们追求视觉愉悦的步伐永不停歇，这种追求几乎与生俱来。从远古时期的原始壁画，到古代的各类艺术品、雕塑、画作、戏剧……都是纯视觉或以视觉为中心的；近代，电影和电视的发明使人类的视觉娱乐水平获得了实质的飞跃。人们孜孜不倦地研究保留影

---

① 人民网：《2014年全球电影票房增长16亿美元 过半来自中国市场》，http://culture.people.com.cn/n/2015/0107/c87423-26339077.html，2015-01-07。

② 汤姆：《Aereo和Dish能否重塑600亿美元电视行业？》http://tech.qq.com/a/20130408/000101.htm，2013-04-08。

像的技术，直至一百多年前，初级的电影和电视终于被发明出来，并用这一百多年间的飞速发展成为规模可观的产业，为人类视觉化娱乐留下了厚重的注脚。

1. 虚拟现实电影：技术和形态

1895 年 12 月 28 日星期六晚上，巴黎卡普辛路 14 号"大咖啡馆"，卢米埃尔兄弟的电影第一次售票公映，只有几十人到场。当电影开始播放时，静止的画面让观众一度以为上当受骗，以为他们观看的只是普通的黑白照片；而随着画面中开始出现运动的马车、行人，人们不由得张大了嘴，目瞪口呆——这是人们第一次看到高质量的运动影片的场景——此后的公映场场爆满，每天播放场次达到 18 场，甚至警察也不得不出来维持秩序……从此，卢米埃尔兄弟被公认为电影的发明者，他们为自己的机器取名为"电影机"（cinématographe）。其实在此之前，世界各地也有一些发明家实现了不同原理、形态但功能类似"电影机"的制作和公映，如 Etienne-Jules Marey、托马斯·爱迪生和 Georges Demeny 等人，但是由于放映质量差、观众体验不好等不同原因，没有得到推广。卢米埃尔兄弟在此前在很多场合也都公开放映了影片，但由于这次在咖啡馆进行的售票公映影响重大，被永远记入史册，这一天也被确认为电影诞生的日子。

早期的电影公映①

卢米埃尔兄弟②

---

① http://www.pokethe.gr/wordpress/?p=128.

② http://www.thehistoryblog.com/archives/date/2013/10/15.

从电影诞生后人们的狂热，我们可以窥见人类对于这个世界视觉影像的重现和热情。不过，即使是卢米埃尔兄弟也不可能预见到电影在一个多世纪后，能成为人们娱乐的中心媒介，以及电影和电影周边工业打造的如此庞大的产业链。这恐怕要得益于技术的发展赋予了电影工业更多的可能，而不再是电影诞生初期那种对人类生活的简单记录；成熟的电影包括了对人类情感世界的咏叹（"爱恨情仇"），以及对想象世界的呈现（"科幻、想象、冒险"），换言之，前者是对感性的想象和艺术化；后者是对理性的想象和艺术化。在感性和理性两大领域附加想象的能力并非电影所有，小说、戏剧都具有类似功能，但将其影像化、视觉化、具象化则是电影特有的能力。毕竟视觉或者说接近人类日常生活的视觉感受才是最能令人身临其境并陶醉其中的，其对人的刺激性远大于小说和戏剧。对于小说来说，想象空间无限，但视觉能力有限；对于戏剧来说，想象空间受到舞台物理空间的限制而无法给人真实的影响感，而且舞台的物理距离使得观众无法察觉细微的人物情感。电影则融合了以上媒介的优点，构筑了一个不受物理和时空限制的虚拟空间。人的生物本能是追求刺激的，这是人的大脑的生物本质之限制，人类自娱的工具不断进化，从岩画到油画到相片再到电影和高清电视，从用手打节拍到歌唱到复杂的乐器再到交响乐乃至发烧音响，声音和视觉刺激的程度在不断上升强化，其动力的根源无非是人类对强刺激的追求。极端的例子是性愉悦和毒品。这是人和人类社会的本质性，其基于人的生物性，是人类社会不断发展、科技不断进步的根本动力。人类的道德和伦理则是人类高于动物本能的一面，其精神的强大约束力。电影之所以在普及程度上高于戏剧和小说以及音乐，简单说就是因为愉悦刺激的强度更高。视觉和听觉的双重刺激、色彩和形状的还原，都更接近我们对真实的体验；而情节和内容的想象夸张，又使观众体验到超越真实的一面，真实和想象的结合，从未在电影以外的媒体上体现得如此强烈，以至于可以让人在观影时暂时忘却现实的一切，沉浸在一个虚拟生存之下。

我们可以断定，虚拟现实是我们从未遇到过的、历史上从未出现过的强烈的刺激源，能令个体获得更强烈的娱乐体验。通过直接读取他人数字化后的记忆、感觉和经验，虚拟个体可以体验到更多过去在现实世界中无法体验的感觉。无论是在刺激程度还是在刺激种类上，虚拟体验比现实体验丰富，虚拟现实与电影的交融会诞生新的媒介形式。

（1）电影体验方式的变化

从根本上说，电影是光影和声音的艺术，是基于人的视觉残留现象的艺术。由于人的生物性，光线对视网膜产生作用后，即使光线消失，图像也可以在视网膜上暂留 1/24 秒，故此静态的图像一旦连续播放超过了这个速度，便会在人的视觉中变成动态影像。如果按照人的虚拟生存的不同阶段，在人脑未被替代的阶段中，眼睛的作用以及生物性被保留，电影仍然通过视觉来传播，但在完全虚拟化阶段，人类只能通过模拟视觉感应器来观看电影，或者通过数字化的接收信号直接"享用"电影。换言之，电影艺术要么完全彻底消失，要么仍然按照现有的光线传播来生存。这是因为，我们谈论电影是基于其现有的特征，如果电影现有的特征消失，变成类似电子游戏或数字化体验的一部分，我们便无法使用"电影"这一名称来称呼它。

总体而言，应先行确立一个观念：在未来，电影的形态可能变化，也可能不变。（注：这里说的变化是基于光传播这一特质，而非诸如黑白电影和彩色电影、立体电影和 iMax 电影这样的本质不变的改进）。从市场的角度，变或不变最终取决于用户习惯和市场生态。在现实世界中，目前还没有实质上超越并替代电影的用户体验；在虚拟现实下，电影的用户体验决定了电影的变化形式。我们通过虚拟现实的不同阶段来设想电影的技术演变：

在第一个阶段，即人生物性不变，以头戴显示器实现虚拟空间的阶段，也即目前即将爆发的虚拟产业的初级阶段。实际上，1995 年日本的游戏设备公司任天堂便推出了一款名为"虚拟男孩"（Virtual Boy）的头戴显示器，这是世界上第一个推向市场的虚拟现实设备。其外观如下图 [①]：

---

① https://www.buzzfeed.com/norbertobriceno/frustrating-things-about-playing-video-games-in-the-90s.

　　从图片上看，这款在 20 年前推出的消费级虚拟现实设备，与今天的虚拟现实并无太多不同。下图是 2015 年在售或研发中的三款国产消费级虚拟现实设备 [①]：

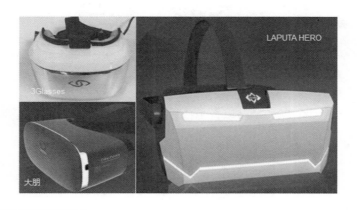

---

　　① 网易新闻：《十五年资深玩家：买 VR 眼镜别看数据要看体验》，http://news.163.com/15/0626/16/AT23PMGK00014AED.html，2015–06–26 。

他们分别是 3Glasses、大朋 DeePoon、LAPUTA HERO。国外的产品如在 2012–2015 年火爆一时的 Oculus Rift：

图片来自Oculus Rift官网

以下是在本文写作时即 2015 年的 E3 大展（注：国际著名的消费电子产品展览）上体验各种不同品牌的虚拟现实设备的观众 ①：

---

① http://mashable.com/2015/06/18/vr–face/#fgEkUQ1TTiqH.

　　图片中的虚拟现实头盔 / 眼镜体验者们呈现个性化的姿势，
是因为他们正在通过头盔体验虚拟现实，在其中的沉浸感所导致。
一旦戴上虚拟现实眼镜，他们即获得了进入另一个世界的通道。
这个虚拟世界通过自身的软硬件系统，模拟现实世界或者想象世
界的物理规律、物质环境。通俗而言，这是一个戴在头上的立体
显示器，观感上像是观看 iMax 电影时坐在最前排，如下图是一

个典型的虚拟现实的游戏场景①。但是通过平面的文字画面来描述，是无法令人感受到其"真实"感的。

同样的一个场景，当其在平面上展示，如目前的平面液晶显示器，其对用户而言既没有立体感，也没有沉浸感。虚拟现实的重要性质是互动性。人在现实世界中的一举一动，包括肢体动作和头部动作，都会在虚拟现实中得到反馈。通俗地说，当你戴着头盔在场景中转动头部，你看到的是虚拟世界中相同方向的场景；而不同于现实中的平面显示器，你转动头部，便离开了屏幕。但是必须强调的是，这并不是简单地把显示器接驳到人的眼前——那无论人如何转动头部，他能看到的与平面显示器一样——虚拟现实是与人"互动"的，如上面的射击游戏图，当你佩戴着虚拟现实头盔向左转动，你很可能看到的是游戏中的左边墙壁；这就是互动，现实动作和虚拟世界的互动。这种有机融合，从文字描述上看并不复杂，但它带来的意义是革命性的。

———————————

① http://news.zynews.com/2015-06/26/content_10239479.htm.

虚拟现实电影在体验方式上异于传统影院观影的方面如下：

一是传统影院观影是集体活动，人们在观影时可以有部分言语或肢体互动：悄悄话或是情侣牵手；看到某个片段时集体发出惊叹声、笑声等。这种互动有很大限制，甚至很难称之为互动，而只是环境刺激个体产生的反馈。但不可否认的是，这种反馈会对观众产生心理影响和社会交往的感受以及周边干扰对电影本身的时不时的抽离感。虚拟现实设备的观影方式则完全是个人体验，个人通过佩戴头盔等设备沉浸在电影营造的环境当中去观赏电影情节，基本上排除了周边环境的干扰。电影信息的传播障碍被降到最低程度，促进了观众对电影的情节、隐含的思想接收和理解，电影作为一个艺术表达方式，其传播的效果得到提高。负面：个人在观影过程中缺乏社会交往和互动，观影完毕后，对现实的关注和渴望被抑制，对电影虚拟空间体验和现实体验产生较大分裂。

二是真实性和刺激性提高，对人的娱乐阀值的影响。娱乐阀值是人的生物应激程度在娱乐媒介上的反映。人的交感神经兴奋时，肾上腺素分泌传导信号刺激身体发生各种反应，这是人感到"刺激"的生物基础。对于幼儿来说，只是坐在一辆摇摇车上就能令其感到兴奋；而对成年人来说，坐摇摇车只能觉得无聊。看惯了高清影片，再回去看黑白默片，其娱乐性就会大打折扣。当然对于部分观众，他们觉得情节比特效更重要，从中享受情感的抒发和体验，这是另一种生物刺激。不论何种性质的刺激，虚拟现实下的观影体验必然会在沉浸感和现场感上强化，能令人如身临其境。长期使用后，人的娱乐阈值或曰应激性会逐步提高，这可能直接减少电影院中以特效为主的动作片这一类型的传统电影的需求。

三是设备不适。虚拟现实在这个阶段的局限性也是显而易见的，首先设备佩戴的不适感是一个障碍。我们看到，从 1995 年至今 20 多年，头戴式虚拟现实设备的大小、外形和使用方法并没有太大的变化，这意味着虚拟现实设备的外观受到当前技术的限制在一段时间内都不会有太大的变化。在这个外形的局限下，此阶段用户体验虚拟现实头盔的持续时间不会太长。我们可以回想一下观看 3D 电影时的感受——厚重的 3D 眼镜给鼻梁和头颈部带来的压迫——就可以想象：虚拟现实头盔，至少在当前阶段，并不适合长时间使用。而这一特性对于虚拟生存而言是致命的，因为要达到"生存"这一级别，其对设备的依赖可以说是接近全天 24 小时的；而如果要达到"娱乐"这一级别，对设备的依赖可能只有 1~2 小时左右，这样的设备负担，从人的生物性层面尚可以接受。因此，对于电影这样一个娱乐媒介，其 1~2 小时的长度，在虚拟现实设备使用中相当合适。

此外，当前的虚拟现实设备用户反馈显示，不少人在使用虚拟现实内容时会具有不适感，最普遍的是晕眩、恶心等。这个问题也困扰着用户。

虚拟现实电影的观影体验大致上可以总结为：相比于传统电影观影方式，它更为方便，足不出户；但需要佩戴设备又带来了些许麻烦；它更具有沉浸感和现场感，但又带来了一些不适感。总体而言，虚拟现实电影还需技术的进步来改善。但最终其将成为重要的娱乐方式之一并最终取代影院观影这一目前为止已经发展了上百年的人类娱乐活动。

（2）电影制作方式的变革

A. 拍摄方式：电影在适配虚拟现实头盔时并不需要做太多的技术转换工作，而只需在拍摄时注意使用相关设备，便可以使电影完美搭配虚拟现实界面。但实际拍摄工作并没有那么简单，需要使用新的支持虚拟现实表现方式的设备。在据称为首部虚拟现实电影《11：57》中（见下图①），使用了创新的拍摄方式。该电影是一部恐怖电影，观众的体验是在一个阴暗压抑的地下室中经历一个鬼故事，观影者需要头戴虚拟现实显示器 Oculus Rift，进行 360 度全方位的恐怖体验。在普通的电影故事中，观众只是作为第三者、旁观者出现；而在虚拟现实电影中，观众成为电影故事中的主角，这是一种全新的电影体验。为了拍摄出可以与观众互动的场景（即观众左右、上下转动头部时，景物随之变化，令观众身历其境，而不是固定为摄像机画面），导演设计了一个拍摄工具，上面搭载了 6 部 GoPro HERO3+ 相机采集 360 度的同步画面，将六台摄影机的素材完整地拼合到一起②，实际上相机

---

① http://bbs.virglass.com/forum/view/3682.

② 游侠网：《<11:57>首部虚拟现实恐怖电影 360度无死角的惊悚》，http://www.ali213.net/news/html/2014–11/123753.html，2014–11–08。

的位置便是观众的位置，演员表演时向着摄像头表演，最终你可以想象，当你在电影中遇到一个"鬼魂"时，你将头别向左边，可能会看到另一个鬼魂。不同于普通电影，单摄像头限制着观众的视野，虚拟现实电影具有一定的自由度，自由度的大小由摄像头的多寡决定。在上例中并没有说明 6 个摄像头（相机）的位置，如果其中存在拍摄上下镜头的相机，才能实现观众向上下转动头部时能看到其他的同步场景。

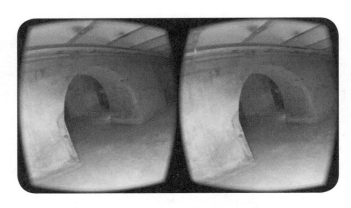

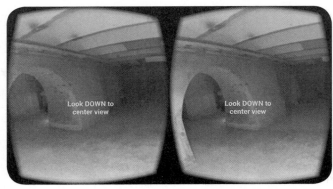

为了适配虚拟现实，2015 年 7 月，诺基亚已经推出了专用的虚拟现实摄像机"OZO"，如下图 [①]：

很显然，这款虚拟现实摄像机上面的多个摄像头，是为了形成具有沉浸感的空间而采集多角度的视频素材而设计的。

通过这个例子，我们可以想象，未来的虚拟现实电影在制作时使用的摄像头数量，决定了所采集的电影素材数量，也决定了观众的自由度。这里涉及一个电影与互动性的矛盾：传统的电影是没有互动性的，观众只能单向接收已经安排好的剧情和画面，也不能看到镜头场景以外的画面；而虚拟现实电影可以提供一定的自由度给观众，也可以不提供自由度，完全按照传统电影的模式，但观众仍然可以享受到其中的真实感和沉浸感。如果观众具有了自由度，他在观影时可能脱离情节太远，也可能因探索自由空间而错过某个情节，无法感受到电影导演所想要传递的信息。

---

① https://www.engadget.com/2015/07/28/nokias-virtual-reality-camera/.

即是说，虚拟现实电影技术上允许观众"暂停"——头戴式虚拟现实设备是个人化装置，完全可以具备类似功能，但这种功能对于观众而言是一把双刃剑。因此，未来的虚拟现实电影有两种内容类型：一种是允许观众自由探索，剧情较弱，或剧情中断不会对观影体验有负面影响的内容，其主要目的是借助虚拟现实设备体验不同的场景和感受，对剧情的把握在其次；第二种是与传统电影一样，不允许观众自由探索影视空间的、情节性较强的、观众在观影时除了获得虚拟现实场景的感受外——例如高空跳伞、攀爬高楼、太空行走等极限运动（只要情节中具备）——也必须关注剧情的进展，体会情绪的变化和深度思考。虚拟现实电影的自由度越大，需要采集的电影素材越多，这对拍摄工作是一种新的挑战，电影素材的数量会成几倍乃至几十倍地增加，由此带来后期制作的成本、人力成本都相应增加，电影投资成本增加，票价增长，而相应的观众增长则未必会有同样幅度。可预见，未来的虚拟现实电影中互动性并不是重点。因为互动性更适合电子游戏媒介的娱乐方式——以观众为第一人称视觉，探索虚拟世界并与之互动，从每一次互动中获得成就感；电影，从本质上更适合以旁观者为身份介入故事，去体验电影带给人的震撼或感动；过多的互动内容只会令观众无法把握故事的细节和情绪的发展。何况互动技术给虚拟现实电影带来的成本增长，其投资回报率并不乐观。总体上，未来的虚拟现实电影产业会有少量的、以高互动程度为卖点的作品，但从市场理性的角度，虚拟现实电影还是以沉浸感为主要的娱乐方向，高互动性虚拟现实电影不会太多。举例而言，假如电影中出现男女主人公浪漫偎依、甜言蜜语的一幕时，大部分观众不会好奇地去"触碰"他们身边的物品；或者詹姆斯·邦德与敌人搏斗时，观众也不会同仇敌忾地试图打上一拳。这样做并不是技术上不可行，而是对于情节推动无意义，而且会导致电影成本的急剧上升，制片人和导演都不会允许这样的互动性存在。至于少数专门以互动性为卖点的虚拟现实电影，情节则不是其重点，刺激体验才是其追求的目标，例如专门体验外空间站中的生活的一个场景。以互动性为卖点的电影更类似于体验式游乐工具的一种，严格来说不是带情节的电影（虽然两者的娱乐性有类似之处），其文化意味不足，但可以重复利用。比如今天的一些游乐园里常见的 4D 电影，实则就是在座位上加装反馈震动部件，令观众获得与画面同步的体感，这种设施也可视为互动性的特质之一，但其并非主流的电影。

B. 数字动画 vs 真人／实景：自从 CG/3D（电脑 3D 动画）技术介入，动画电影发展到了一个新的阶段。好莱坞的第一部动画大电影是 1995 年的《玩具总动员》，它是世界上首部完全使用电脑动画技术的动画长篇，在电影技术方面有着里程碑式的意义，在票房上也取得了不俗的成绩：1995 年北美票房榜冠军、全球票房超 3 亿美元（参考百度百科"玩具总动员"词条）。新技术带来的新体验总是能成为消费者的兴趣所在。今天，3D 动画大电影已经成为电影院线中不可或缺的一道风景。随着技术的发展，

3D 建模和渲染的能力、动作捕捉电脑模拟的能力等越来越强大，3D 动画人物的表情与动作、3D 动画道具、3D 动画场景不断逼近人类真实视觉所能分辨的极限。这对于虚拟现实有一个重大的影响即虚拟现实的真实度，最终会追平人类世界的真实度（在人类视觉极限之上），这也是未来虚拟现实与现实世界界限进一步模糊的技术基础。目前电影行业已经分为两种截然不同的工作模式：一种是传统的电影工业，依赖于现实的演员、场景、道具进行表演，再利用摄像器材录制素材，最后用后期制作软件对素材进行编辑、加特效等工艺形成成品；而另一种是纯动画化的电影，不依赖现实的演员、场景、道具和摄像器材，而只需通过电脑绘图和动画制作实现表演过程。在现阶段看动画电影，由于技术和成本的限制，大部分动画电影难以达到和真实世界相同的视觉真实程度（我们称之为照片真实度），仍然具有突兀的立体图片感。例如下面两幅 CG/3D 电影截图及一部真人电影的对比：

CG电影《最终幻想：圣婴降临》截图（2005）

CG电影《光环：斯巴达行动》截图（2012）

电影《迫降航班》截图（2012）

我们可以轻松地分辨出，从第一幅女性形象到第二幅黑人形象，CG 制作的水平有着明显的提升，图一的皮肤过于光滑，缺乏细节，但图二皮肤较为贴近真人，有一定细节处理，但仍然过于平滑；与图三的照片图像中的丰富细节相比仍然差异较大。原因是 3D/CG 对人物的搭建是用许许多多个多边形来完成细节的，多边形的数量代表了细节的丰富程度。对单一动画模型的设计需要耗费大量时间，而且效果还是与真人电影有差距。在虚拟现实电影的初级阶段，采用真人演员的成本仍然较低——除非采用明星演员导致片酬占去大头。动画角色的好处是可以反复利用，而且没有片酬，其成本在于数字化的过程（包括设计和建模、动作设计和电脑处理合成）。但在 CG 技术继续发展的未来，动画角色的建模、动作设计效率将极大提高；配合真实场景，就可以实现真正意义上的没有真人演员但在观众看来与真人电影一样的效果。换言之，随着技术的发展，采用动画制作电影的成本将逐渐降低，最终将低于采用真人演员的实景电影；动画电影将是虚拟现实电影未来的方向，但在技术发展到位之前，真人电影仍然占据虚拟现实空间。

总之，从可行性、成本上看，数字动画电影将逐步超越真人/实景电影，伴随虚拟现实设备的电影，一开始将以真人电影为主，并向纯动画电影过度。这对于电影制作行业而言有巨大影响。

（3）发行方式：院线分销—网络直销。很难想象观众们一起坐在影院里，每个人头戴一个虚拟现实头盔同时观影的景象——除非以下原因：虚拟设备昂贵得令人无法负担、技术上电影必须通过大型的其他影院设备传输、家用虚拟现实设备不常用而没有必要自行购买。以上原因都不可能成立：第一，从今天市场上的虚拟现实产品价来看，几百元到几千元是较为常见的价位；第二，虚拟现实内容当前完全可以互联网下载的方式传输；第三，当前已经有大量虚拟现实内容的开发者，且虚拟现实将深度介入人类生活而不仅仅是娱乐领域。这些理由保证了我们不太可能去影院使用互相独立的个人设备来观影。即使有，也只可能是为了防止盗版；或者在虚拟现实初期，消费者还不普及，影院能在虚拟现实体验上收取高额溢价来转移设备成本的阶段，这种情况可能出现。正如其他数码消费产品如电脑、手机、游戏主机一样，虚拟现实设备会逐步提高用户数量，降低设备成本，或者采取今天的"硬件免费"模式，通过内容发行来获得长期收益。

　　传统电影发行商的主要职责包括 3 个不同的层面，一是与上游制片商联系，挑选有市场前景的影片，并与片商、发行方就发行影片沟通；协商确定某部电影的票房分成比例；二是与放映方联系，将发行的影片尽可能多地发行到院线和影院，并争取尽可能多的放映场次和比较好的放映档期；三是影片宣传推广，保证电影最大的曝光率、让观众认可并走进影院买票观看。在虚拟现实电影个人化的前提下，发行方式可能由制片商直达消费者，也可能通过其他发行商，以类似软件、光盘分销的模式发行。在市场经济中，发行或渠道的存在是必需的，是专业化分工的要求，也是信息不对称的结果。制片环节在整个电影工业中是一个主要的、高度技术性的、复杂的、涉及大量人力、物力、时间成本的环节，而且竞争激烈的市场下，即使是大投入也并不能保障影片的盈利，这是具有极高风险的市场。另一方面，发行环节所必须具备的资源、技术与制片完全不同，这其中，关系资源的影响居于统治地位。发行方的实力和品牌也强于技术要素。在今天网络环境下，越来越多的数字内容通过互联网进行发行，即直销到消费者端。传统的电视剧市场已经通过互联网发行享受到了便利。

电影之所以没有迈向互联网直销，主要原因还是当前家庭观影的体验不如影院观影，包括画面分辨率、色彩数、画幅、声音质量等等。尤其是大投入的动作片，家庭观影的效果与影院观影差距明显。互联网直销到消费者端只能适用于家庭观影，因此并不利于全面的娱乐体验。因此，问题的核心还是当虚拟现实观影体验超越影院观影时，影院的优势便会丧失殆尽，同时必然影响到传统的、发行到影院和院线的环节也将变得多余。但是，这并不意味着中间商的消失。发行环节的职能和核心竞争力转换为营销和广告、宣传、公关，传播及推广。因为影片之间的市场竞争并没有消失，而吸引更多的用户也还是制片商盈利的唯一途径。中间商（之所以不再称呼其为发行商是因为其职能的变化）通过建立网络口碑、其他媒介广告等方式争取影片用户，同时从中获利。类似于当今的软件网络发行平台如安卓市场、苹果应用商店、微软应用商店等，虚拟现实内容混杂融合于软件发行也是一个趋势。

对虚拟现实电影等任何虚拟现实设备内容发行而言，由于虚拟现实内容由于技术形式的特征——个人化、网络化；其最大可能是通过互联网的直销渠道进行发布，减少中间环节；传统的影院业可能不会消失，但面临冲击、市场份额减少不可避免。

（4）观影方式：当前的电影服务，对于个人来说可以采取去影院观影或在家中观影两种渠道获得，在家中观影又可以细分为互联网下载（收费）、购买载体（光盘）、通过电视直播或点播收看等方式。无论何种方式，都需要付出一定的费用；影院的费用甚至较高于个人观影。现在影院生存的基础主要是影院的光影效果（也即刺激程度）优于家庭观影，次要原因是院线发行历史上形成的"新片先发"业内规则。在虚拟现实影片的更高刺激性之下，影院生存的基础会荡然无存。而互联网发行又能使影片在制作完成后第一时间到达最终用户，这两点足以横扫影院这种业态。当然考虑到虚拟现实设备的实用性和进化速度，影院业还可以生存相当长一段时间，也可能在这个阶段内自我进化，例如免穿戴设备的全息电影。全息电影创造的是一个围绕人身体的视觉环境，人不需要佩戴任何设备即可观看这一环境，也可以用小型的设备（如数字指环）与全息环境互动。这种全息电影的优势能否维持影院观影习惯？恐怕也只是短期效应和小概率事件。因为全息电影虽然可以使人有身临其境之感且无设备负担；但全息电影在播放时有固定的光影位置，与传统电影的区别只是将平面画面转换为立体全息画面，呈现于观众眼前的是看起来与现实一样的人物和场景，即观众可以在各个角度欣赏电影从而得到不同的体验。这种体验与传统电影相比，优势在于人物真实，也可以获得一部分身临其境感，但其限制性也非常突出，例如不同角度的观影效果差别，甚至影响到对剧情的理解等，总体优势并不突出，从某种意义上，同样更适合个人、家庭等小规模人数的观影。影院的全息影响化能否保证影院集体观影的模式生存下去，还需要市场的实践。无疑问的是虚拟现实电影对传统电影的冲击会带来影业生存模式的变革。

（5）电影本质的革命：进一步，在人类完全数字化，摒弃肉体后，纯粹虚拟现实生存的方式下，电影等精神娱乐消费直接以数码化的方式传递到个体。这带来的问题是：个体能否体会到"娱乐"这一生物性才具备的实质感受？我们当然可以用机器模拟生物，但生物的感受能力是基于生物本身的，即"生物感受—生物刺激—生物化学物质分泌—生物器官相互反馈"的过程。在这个过程中，人类之所以感到兴奋、激动、快感等一系列感受，都是由体内不同器官分泌的物质刺激引发其他器官的生化反应所导致。如果全面取代了人的生物性，那么人的感觉和感受都会消失，因为人的生物性不存在了——既不存在产生化学反应的器官，也不存在器官产生的化学物质——还是说，机器也可以模拟生物化学反应让人体会到娱乐的意义？假设我们可以做到将人的器官功能全面机械化，100% 复制实现现有的器官功能，这种可能性确实存在，但这就意味着机械生物化的一面需要维持运转，传统的生物质能量也不可缺少——饮食、甚至生物能源也不可避免，人类机械化的最大优势也就失去了，我们又回到了原点。机械模拟生物器官即使能够实现其全部功能，如果只是为了娱乐一途，似乎其成本与效率之比也不太合适。我们当前的机械模拟生物器官，大部分是为了维持其主要功能，总体目标是维持生物体的生存这一不可或缺的基本前提。基于硬件的虚拟生存超越了生物体的易老易死，这是其优势所在，也即消除了"维持生物体生存"这一总前提的制约，我们才可以获得更大的自由度。但为了这个自由的获得，我们也相应放弃了对感受和娱乐的权利。

2.虚拟现实电影：形式和风格

美国电影学者大卫·波德维尔将电影分为形式系统（叙事性与非叙事性）及风格系统（摄影、剪辑、场面调度与声音）两个层次。在虚拟现实角度下，这些因素都将发生一定变异。

（1）叙事角度

电影的叙事角度大致上有3种：第三人称叙事、第一人称叙事、无角度（纪录片叙事）。其中大部分当代电影采用第三人称，也即全知客观叙事。观众观影时，能明白影片中所有的人物关系和故事情节，从而能跳出剧情，欣赏演员的表演，感受剧中人的喜怒哀乐；第一人称叙事较多出现于现代艺术色彩较浓、探索性较强的小众电影，其中叙事者即故事人物，观众跟随着人物的视觉去发掘未知的剧情。无角度叙事中叙事者所知信息比电影中的人物还要少，展现的是生活流动性，为后现代电影的常用手法。虚拟现实电影的优势在于沉浸和互动，第一人称的叙事角度十分有利于"沉浸感"和"互动感"，相比于仅仅旁观的第三人称叙事，第一人称叙事更能发挥虚拟现实的优势。这也是前述世界第一部虚拟现实电影《11：57》所采取的叙事方式。不过第三人称叙事也可以借助虚拟现实电影的优势而提升观影体验，尤其是在画面的立体化上提高了冲击性。两者在虚拟现实电影中各有利弊。第三人称叙事更符合观众的观影习惯，容易展开剧情；但不能完

225

全发挥虚拟现实的优势；第一人称叙事能充分利用虚拟现实的沉浸感和互动感，提升观影刺激程度；但在拍摄和叙事上留给导演的调度空间不多。例如我们喜欢的类型——好莱坞动作片，即俗称的"大片"，通常是用第三人称的角度，以旁观者的视觉跟随身手不凡的主人公（通常是一名特工、间谍或警探）开展冒险；假设采用第一人称，观众便可将自身想象成为这位英雄，去与电影中的其他角色对话、打斗、开车追逐、高空跳伞、激烈枪战……这些视觉刺激戏份都是以个人主观视觉映入观众眼帘的，其刺激程度不可谓不高。但这种模拟主观镜头在如此多的动作场面中必须要晃动频繁，时间久了极易引起不适；而且对于习惯了第三人称视觉的观众来说，以主人公身份入戏腾挪跳跃，恐怕多少还是有点"别扭"。不过换一种模式我们再来看看：爱情故事片。在这种生活化的电影类型中，以剧情而不是以视觉刺激为主，演员的动作和行动相对缓慢，剧情通过对话展开，而爱情电影本身的潜在目标就是向观众传达男女主人公之间纠结痴缠的情感，让观众体会爱情、感受激情而获得愉悦或释放，因此虚拟现实的主观观影方式反而十分适合。

从叙事结构来看，电影也可分为线性与非线性叙事，即按时间先后顺序为线性叙事，其他包括倒叙、分段式叙事、重复叙事、多线并行、点状叙事等，都属于非线性叙事。虚拟现实对于叙事结构并无太大互动影响，它可以运用于任意叙事结构中，影响的只是叙事角度。其中多主人公并行线索不适合虚拟现实的第一视角。第一视角是虚拟现实电影的重要特征，只有在这个特征下，才能全面发挥虚拟现实电影的魅力。当叙事结构与第一视角有冲突时，便不是虚拟现实大电影的优势所在。

（2）风格系统

电影风格是在电影中表现出来的某种意识上和艺术上的倾向。具体由摄影、剪辑、场面调度与声音共同营造。

以摄影而言，虚拟现实电影对于摄影的最大影响是第一视角下摄像头代表观众所在位置，而且需要多角度采集素材。采集素材的量影响着虚拟现实体验的自由度。如果只在固定正前方的角度，则无异于普通电影，只是多了立体效果。虚拟现实摄影方式在第一人称视角下变得简化了，成为人眼的光影流水账；在第三人称视角下则与普通电影一样。

在构图上，虚拟现实讲究"复现"人眼的视域，同时注重营造心理层面的影响。因为第一人称追求的是观众的代入感，如何令观众沉浸，不仅仅是设备层面的问题，更是导演要思考的问题。在书面文学中代入感是以心理代入为主，通过情节发展、语言表达、心理活动的描述在宏观层面让人体会到某种情感，是以抽象思维为推动力的代入感，对读者而言，越是多愁善感则越能体会到其中传递的情绪。因此，"文艺青年"往往意指那些敏感、忧虑的以书面阅读为主的受众，这是一种内在的联系。而传统的电影媒介，代入感是以视觉方式来体验，包括演员的动作、表情；语言表达起到强化情绪、推动情节发展的作用；情节则营造宏观的背景，烘托情绪生成的环境。三者中，视觉为具象化要素，语言为声音要素，情节则为抽象要素，以视觉为情绪中心代表着从抽象文学向具象生活的渐进，观众的代入感更为具体，而非自我想象的感动。这种转变，无异于减少了受众的卷入，然而却增强了受众的注意力，对于敏感的人而言是削弱了其自我内化个性化情绪的乐趣，对于不那么敏感的人却增强了其对电影情绪的同感。有所得，也有所失。正因如此，有人将书面文学向视觉影视的过度其解读为一种"退化"或"堕落"；是高雅向通俗的投降；是精英文化向草根文化屈服的表征之一。不过，从人类学的角度而言，人类共同体的形制得以形成，所依赖的正是这种技术层面的个别因素所统合的内容。人类的同一感在普遍人类情感、价值观的基础上得以"通感"，自 20 世纪起，全球化概念实质上就是人类技术层面引起的一系列基于人类情感层面的变迁，无论是交通技术还是信息技术都在缩减着人类的地理领域，这种缩减是相对于人的生物限制而言的，例如人的步行和奔跑的速度；人每分钟能说的字数；每分钟能写的字数等等。由于人的生物性限制（实质也是技术限制）而造就了我们今天的人类世界的各种规则性的数据，这是一个前置要素。人类共性在视觉文化中得以同化，代表具象化的视觉文明的普适性超过代表抽象文化的印刷文字文明，不同种族、语言之间的矛盾和沟通障碍被进一步消除。虚拟现实也是一种视觉文明，但它融入了更多的"触觉文明"。人类从胚胎期开始最初以触觉为与外界沟通的唯一手段，即"胎动"。

胎儿可能会以其来回应母亲外部的抚摸等动作。虚拟现实中人通过触碰信息化的客观世界来获得反馈。触觉文化也意味着人与人之间更亲密的关系，这与人类共同体的基础具有一致的意味。

虚拟现实电影在沉浸与互动／触觉的空间中，其风格无疑更倾向于人的情绪传递和动作刺激。具体而言，对于情感，电影风格更容易表达夸张的、细腻的面部细节并使观众更好地体会导演要传递的感情，例如将演员的表情通过观众的第一人称视觉呈现得更为强烈；对于动作，则以强调现场感为主，例如在动作片中通过拍摄角度设计、多角度场景使观众享受到更为紧张的娱乐刺激。这些娱乐体验的提升通过虚拟现实的第一视角、立体感和沉浸感、互动性来实现。

剪辑也是电影制作中非常个性化的一个环节。摄影师拍摄好的素材，如何修剪，每一个镜头的长度如何，切入切出的位置选择，都决定了电影视觉效果中的"节奏感"；这也属于风格的表现。一般而言，镜头长度短，镜头切换快，镜头数量多，则意味着电影的节奏快，有利于提高观众的注意力，营造紧张激烈的氛围。但缺点是过快的镜头会给一部分观众带来观影的不适感。在虚拟现实设备下，这种不适感可能会大大加强。因此虚拟现实的电影剪辑可能受其影响而考虑将镜头长度增加，将镜头之间的过渡平滑化。

场面调度是导演所构思的演员相对于镜头的运动方式；或者反过来说，镜头相对于演员和场景的运动方式。通过演员和摄影机运动的速度和节奏的变化，揭示出镜头的内蕴含义。电影语言不同于文字语言，需要更多的隐喻来表现故事才能具有强烈的感染力。虚拟现实电影的沉浸、互动、立体的要求，在第一视角下对场面调度的限制较多。运动过快，观众容易产生晕动症；运动过慢，又不能体现虚拟现实的优势。而在平面时空中经常使用的不同场景之间的切换和过度，对于二维空间是十分自然的，换言之，人类在从以印刷文字为主体的时代过度而来的习惯没有被打破。在虚拟现实媒介中，三维空间是其主要特征，三维空间的第一视角和第三视角分别代表了观众本身和旁观者两种不同受众接收方式，这对于二维空间中以第三视角为主的场景切换方式是一种重大变革。观众的理解能力被媒体弱化——第三视角是全知全能的、第一视角是只能理解发生在眼前的事情，同时不能对影视角色表示出情感认同、只能自我认同；普通电影将受众置于"上帝视角"、第一视角是"凡人视角"。这种对受众理解能力的"贬谪"是媒体自身强大化的必然，虚拟现实的增强，减少了人的主动性——更多的注意力卷入、更多的受传者状态、更强烈的刺激和更多的互动成分。表面上受众获得了更大的自由度，事实上受众失去了自我认知和判断的能力，很难从虚拟现实电影中自拔。

导演面对三维空间时对场面调度的想象不再基于传统的二维画面，而需想象为自身的经历画面。首先，导演个人的生活经历和体验决定其虚拟现实电影的风格。导演个人认可、设置的场面和场景风格实质是对导演自身体验的再现，对于观众而言未必是同种体验，即虚拟现实电影的场面调度将更为主观化。相对传统的电影，冷峻的现实主义视角将很难在虚拟现实中再现。其次，观众代入演员的第一视角，能否体会到导演的叙事设置或情感传递，也是依据个人体验而异。而当观众并不认可这种叙事或情感时，其对于自身（即主观视角）便产生了纠结和叛离，这会削弱影片的说服力。场面调度的核心是演员在舞台中的位置，在第一视角中，影片主角永远处于中心位置。导演在调度场面时，很难脱离这一局限。当然，我们不能排除在新的导演思维下，一部电影中可能出现多种视角的情况。

　　蒙太奇是传统电影中最重要的艺术表现手法之一。蒙太奇需要通过剪辑、排列各种镜头素材来实现，是导演思维的最核心体现。在虚拟现实导向下，蒙太奇作为典型的第三方视角下的手法，其应用受到第一视角的制约。传统的蒙太奇是以不同镜头之间的先后顺序来组接出某个可让观众自行体会的隐含意义，镜头本身以第三方视角为主，因为这是让观众体会的"对象"，其本身对于观众的意识而言，应该是独立于观众之外的存在，这样观众才不会将自身的意义叠加到蒙太奇的意义之上。在第一视角为主的虚拟现实电影下，电影的沉浸感是主要的吸引力所在，这个场景对观众的"解读能力"要求并不高，许多场景是连续的，而非分散的；是明示的，而非暗示的；是表象的，而非内涵的。也即是前述对观众的主观能力的一种隐含消解和弱化。在传统电影中，蒙太奇作为彰显导演思维和世界观的手法，起到的说服作用是潜移默化的，即在导演的诱导下，观众自我感觉是他们自主生成的对影片的理解；而在虚拟现实电影中，蒙太奇的表现手法受到了制约或变革。主观视角的画面具有镜头连续性，蒙太奇需要镜头切换，对于主观视角来说，镜头的切换必须要符合观众的心理，符合观众的理解，相当于人目所能及的内容和事物的时空跳跃。一旦打断了连续性而内在逻辑欠缺，虚拟现实电影的蒙太奇将会导致理解的混乱。

3. 虚拟现实电影：并非电影的终极形态

按照目前人类的接受能力、接受方式，虚拟现实技术在电影中的应用还需要很长一段时间才能完善。虽然虚拟现实电影的沉浸感、互动感是传统电影无法媲美的，但设备负担、个体适应等负面因素还需要进一步改善。同时，虚拟现实技术的优势方面所能契合的电影类型也可能有一定局限性，即对于不那么需要沉浸感和互动感的影片类型，虚拟现实技术反而是一种负担。总体而言，在很长一段时期内，虚拟现实电影很有可能与传统的电影共存。但这种共存并不是对传统电影没有影响——至少从市场而言，传统电影的份额将逐步被蚕食。

我们回到问题的原点，即电影作为一种比拟文学、游戏的娱乐形式，最终满足的是人的精神需求，而人的精神需求实质上是对情感、对刺激的需求，这种需求，在不同的娱乐媒介上获得的反馈是不同的，所以，就目前这个现实而言，各类文学形式、娱乐媒介之间并没有相互替代，而是逐步融合，份额或增或减的关系，媒介形式革命是在同一种类下的升级换代，而非跨媒介的取代。例如黑白电影被彩色电影取代，留声机被多声道音箱取代，70、80 年代的红白游戏机被现在更高端的游戏机取代等等。一种媒介被完全取代，只有当其功能被完全包含在新的媒介之中才能发生。例如 MP3 被 MP4 取代，MP4 被智能手机取代。MP3是纯音乐播放器，而 MP4 是音乐和图像、影视多媒体播放器，而智能手机除此之外还能进行人际沟通。这些功能的叠加或曰融合，带来了新的媒介。智能手机是 MP3、MP4、手机、电脑的融合体，是当今每个人都不可或缺的沟通和娱乐工具。古老的媒体如壁画，一直到今天仍然存在，其本质是一种艺术性的视觉平面，其形式则转变为油画、外墙画、壁刻、涂鸦等等；莎草纸上的手写文字、雕版印刷与今天的机械活字印刷、数字化印刷并无本质上的区别，都是二维的以文字这种抽象形式表达的信息；而画面则是以图案进行具象表达的信息，其代表媒介在今天则是电影和电视这样的平面大众娱乐工具，也就是说，传递直接的具象信息的媒体变得最为强大，直到虚拟现实媒介的出现。虚拟现实媒介提供了第三维：空间。这个空间并非平面空间而是立体空间，平面空间的信息无法提供"触觉"，不论何种信息都不能提供基于平面图像的空间信息。而虚拟现实媒介的立体化则提供了这样一种可能，在二维的基础上，进行了立体化。这种立体化不仅是可观察的，更是可触摸的、可互动的。但是我们并不能说这是一种创新。古老的雕刻、现代的盲文都属于触觉媒体的一部分，但虚拟现实媒体提供的是虚拟触摸、真实互动，即触摸的是虚拟空间内的物体，他们在现实中并不存在，但这一触摸的动作可以触发影响虚拟空间的事件，甚至影响现实空间。

电影这种娱乐形式在虚拟现实之下出现了新的特征。这是一些激动人心的特征，但还不足以完善到完全替代传统的电影形式，也并非是电影作为一种影响广泛的媒介的终极形式。至少在一个很长的时期内，虚拟现实电影和普通电影互相渗透、影响，作为人类不同的娱乐选择仍将共同存在。

虚拟现实和电视媒介

电视与电影相比，在传播形式上都是平面的动态视觉模式，以快速切换的（超过 1/24 秒）静态画面来传递运动景象的结构。但由于传播渠道的区别，形成了他们在传播内容上的巨大的差异化。电视的传播渠道是家庭或个人终端，个人化、家庭化、私密性强；电影的传播渠道是影院，具有公众化、仪式化、社会化的特点。虽然个人终端也可以作为电影传播的一种渠道，但其并非电影的主要特征，其也不能完全发挥电影媒介的优势，这种情况下更多地将其视为电视的娱乐功能复合。此外，传播时间也有重要差异。电视是全天候 24 小时不间断传播，而电影则是特定时间传播特定内容。电视的内容包罗万象，娱乐、信息、新闻、知识、教化等等，作为人类日常生活的重要信息来源、一种工具；而电影通常只是单纯的娱乐媒介。电影和电视两种这形式相近的媒介，在人类社会中扮演的角色却有很大差别。尼尔·波兹曼的《娱乐至死》就是对以电视为代表的媒介的一种批评，其实相对电影的纯粹娱乐性质，电视倒还具备更多的社会和文化价值。奇怪的是，学者们在这个问题上反而给予了电影更多的宽容，将其作为一种特殊的艺术形式进行研究，而电视由于其多元的内容反而成为文化学者和媒介学者的批判对象。

在虚拟现实环境下，电影和电视的传播渠道差异，通过头戴式显示器或其他个人化显示终端得以消除，人们体验虚拟现实电影的同时与体验虚拟现实电视都在同一媒介中进行，显示屏也统一为虚拟现实设备中的屏幕，虚拟现实电视观众和虚拟现实电影观众实际上都作为虚拟现实设备的受众，两者合二为一，只是在电影和电视节目内容中存在差别。不过这种差别的界限随着媒体界面的合一也变得模糊起来，例如虚拟现实设备的电影在播放中也可能发送突发新闻消息给受众。我们之前所作的电影和电视的分类，很显然受到影院观影模式和收看电视两种方式的不同的本质所左右，首先是电影大画面、强音响、富色彩所提供的震撼性超过电视，其次是这种大画面、强音响、富色彩的刺激方式无法在家庭中实现从而使得影院观影具有一种仪式化的特征，也导致电影工业的投资大于电视工业，电影内容收费、电视内容免费等等。这两个媒介的特征差异，可以说是后续一系列影视二者的工业化差异和消费模式差别的根源。现在随着虚拟现实设备界面合一，两者的特征差异减少了许多。

从本质上说，电影和电视都是通过显示屏来显示视觉动态画面，即使在虚拟现实环境下，在可穿戴头盔中也是通过两块平面显示屏（与左右眼各自对应）来实现将平面图像转化为立体图像，并通过大范围遮罩视域来获取沉浸感效果，这种本质的不变，基于人类生物眼睛的接收方式，也就是在同一个虚拟现实界面下，我们可以选择电影或电视内容。媒介的形式统一了。在统一的媒介形式之下，屏幕所显示的内容成为区别电影和电视的唯一标志。换个角度说，在虚拟现实媒介我们已经没有用"电影"概念来进行媒介类别的区分，而仅仅用于对媒介内容的区分。不管是传统的电视内容或是电影，在虚拟现实媒介中只需对内容的性质进行区分，例如电影、电视剧、综艺节目、纪录片、新闻、直播、讲座等，原来传统意义上的电影媒介，被"降格"为虚拟现实节目类型的一种。而电视的节目类型基本还是可以保持不变。原因是电影的影院观影模式被打破，而电视的个人观看模式仍得以保留，故而电影融入了电视（对于虚拟现实媒介来说）。虚拟现实设备的佩戴方式与其他媒介的使用方式有着重大区别，这种区别也使得电视产生与普通电视不同的特性。

1. 电视作为工具媒介

作为一种大众媒介，电视的工具性体现在，以电视为工具，前所未有地建立了一个公共空间和舆论平台，在这个空间内，受众不再是松散的集合、低效率地交流，而是能够对新闻和事件迅速地做出反应，并进行讨论和修正。虽然理论上任何媒介都具备这种构筑公共空间的功能，但从未有媒介能像电视媒介这么明显、这么高效。电视出现以前的公共舆论空间以报纸和书籍为主，它们作为公共空间的缺点很多。首先是信息的传播速度。报纸，即使是日报，也只是单向传播的速度即信息向受众传播的速度，受众对媒介的反馈要延迟很久才能出现在这个空间内，这种低速度的信息互动使讨论无法形成。因为不言自明的道理是，一个公共议题能被讨论的时间和空间是有限的，以新闻事件为核心，新的议题不断出现，如果信息互动的速度过慢，则一个议题尚未被完全讨论完，公众未形成统一的意见时，它便被新的议题掩盖了。书籍更是如此。广播本身的媒介形式尚可，而且具备直播的条件，理论上能够快速地形成话题的互动，但同时期出现的电视更为吸引受众，而且广播的反馈必须结合电话这个快速的媒介形式，而电话并不普及，受众采用更多的媒介反馈和信息互动手段仍然是书信。书信的慢速和广播的快速形式并不匹配。这就影响了广播作为一个公众平台的影响力。其次是刺激程度。电视的视觉效果对于人的刺激远大于单调的听觉刺激，电视提供更多的细节——

相对于印刷和广播媒介——它完全重现了我们作为一般大众的日常生活空间，而非文字和声音所带来的模糊印象。看到电视画面即相当于亲眼目睹了社会事件；我们的情绪令我们直接参与了社会事务，它是直接的媒介，无论受众的学历、文化程度、收入，其反应的就是"现实"本身。印刷文字、声音需要受众的想象力和个人经验相结合去产生信息，这就耗费了更多的精力，拖慢了信息传播互动的效率。而且印刷文字更多附加了信息传播者的情绪；广播又不利于描述客观场景，这令受众有一种被控制的感觉，即"我"的意见受到他人影响、操控；受众更可能对文字或声音产生排斥感。所以即使与广播媒介同时诞生，电视对普通人的吸引力更大，其普及速度更快，占领了公共空间的主导位置。无论是草根还是精英，电视成为他们认识世界的客观方式。公众空间的集聚性——即参与者的数量又反过来影响着舆论平台的影响力，所以电视的作为公众空间和舆论平台的地位逐渐被强化，成为主导媒介。

广播虽然也具有内容多元、传播迅速、阶级包容的特点，但其与电视同时诞生，却不具备电视的刺激程度，所以被电视媒介"比"了下去，未能占领人们生活空间的核心。

电视的工具性，主要是指其通过焦点事件的视觉呈现、现场直播、公众讨论来构筑社会空间。这里的社会空间是指人们感受到自身不仅仅成为日常生活，而且成为更广阔的世界即公众的一分子的参与互动行动，例如加入时事讨论、行动以表示支持或反对之态度。这种个人在媒介构筑的舆论环境下自发的集体行为，构成了社会演变的动力。当然我们并不是说在电视出现以前的大众媒介不具备类似的功能，只是在电视这样的媒介出现以前，以印刷文字媒介为主导的信息环境是一个松散的联盟，其与受众之间的互动效率远远不及电视主导之下的电子信息环境。因此在电视出现之前，重大事件并不能引起公众的迅速瞩目，而是在后人的评判中逐步突显出其历史意义，决定其历史地位，缺乏公众参与度。缺乏公众参与度的历史事件是一种学者视角、精英视角的历史，它不是以卷入人数来衡量历史，而是以逻辑，即承上启下的事件之间的关系来推理历史。可以这样说，在电视媒介介入公众，尤其是以草根为代表的普通受众的生活后，公众参与对历史的推动作用更为显著。例如阿波罗登月所激发的美国民众长久的科技学习探索热潮；911事件现场直播式的震撼带来的全球性恐慌、震惊以及后续的出兵阿富汗、制定打击恐怖主义的重要法案——《爱国者法案》都获得了较大的民意支持，应该说，其中电视传媒的现场性带来的情绪化和非理性思潮功不可没。当然，这也带来另外一个问题，即电视媒介是否代表了民粹精神？电视媒介是一种理性的媒介还是一种能够激发感性的媒介？似乎还不能下定论，尤其考虑到电视节目内容对受众的影响才是根本——既可以是简单粗暴的无分析图像展现，也可以是专家式的深度分析点评，如果不考虑媒介内容，只考虑媒介形式，那么确实可以得出电视的民粹主义倾向这一特点：客观图像为主、新闻报道中立性原则、选择性报道原则；比起印刷媒介来，电视更容易刺激普通大众的感官，而非引发其深入思考。不过，考虑到人类历史自从印刷时代以来就是精英文化社会，这种媒介力量的改变更像是一种均衡，从政治角度看是一种直接民主的表现。传统的文化是一种庙堂文化，即使希腊古典政治的朴素民主，实质上也受限于舆论空间的物理范围，只能是少数人意见。电视的电波传播打破了常规的物理空间局限，普通民众的意见通过电视媒介得以放大，电视为了收视率这个生存法则不得不迎合普通民众的口味，两者的互动动力学构成了一个草根阶层的意见放大器，更多的受众，更高的收视率；更高的收视率，更多的受众。这个规律决定了电视的大众媒介属性，其为真正意义上的草根大众传媒。传播学者一般将书籍作为大众传媒的标志，但包括报纸在内，以印刷文字为媒介的载体，通过文字造成的藩篱，已经隔离了普通民众的参与。只有电视这样的，具备图像叙事特性，又具备记录性质，又有迅捷性的媒介，更能代表占据人口多数的大众（与精英相对）。

电视直播的迅捷特性，可以在新闻事件发生后、尚未结束时聚拢受众；或通过预告新闻大事的发生聚拢受众，受众参与新闻事件便构成了一种仪式化的公众活动，类似原始人围着篝火跳舞。电视媒介的这一属性在影响人类历史的重大事件中，扮演了无可匹敌的角色。前述的阿波罗登月（预告性参与）、911事件（突发性参与）等即为代表。

电视的告知功能，是从其内容中的新闻这一类别衍生出现，电视单一的形式本身并不限制其功能的多样化。以报纸为代表的印刷文字新闻在信息传播的及时性上不及电视为代表的电波媒介，但在内容上信息的意义差别不大，本质上都属于向受众传递与其现实生活相关的最新发生的事实。不同的是告知的形式。电视媒介新闻与其他媒介新闻相比，最大的优势毫无疑问是细节的具体化。人的视觉优势在电视新闻中得以发挥，文字新闻给予人的感觉是意犹未尽、模糊不清的，即使再多的文字描述也不及一幅画面给予人的信息更直接和精确。电视的及时性又根源于电波的物理特征，其大大降低了空间和时间对新闻信息的速度制约。精确和快速，对于人们认识环境具有至关重要的意义。精确意味着人们对环境的变化所做出的决策是准确的，快速意味着人们对环境的变化所作出的决策是及时的，这两者对受众的利益最大化强于其他媒介。所谓告知，则其本质是信息传播对受众的环境的及时和准确的描述，人的生物性决定了人必须客观认识世界，及时响应变革，争取利益最大化，因此在告知功能上，电视新闻强于其他文字媒介新闻。

电视对人们常识的教育，与告知功能相似。但告知功能偏向新闻即环境信息传播，满足个体的生存需要为主；而常识的教育既有满足个体需要的意义，也有对社会整体、对维护人类作为生物群的意义上尤为重要。常识者，为人类长期繁衍生息所保留的习俗和约定俗成的习惯等一系列知识。掌握常识，可以提高人和人之间交往、人和世界之间互动反馈的效率，知识的积累是通过个体传递、物质保存实现的，知识的更新速度较新闻更慢，包含大量传统的、系统的信息内容。电视对知识的传播，相较印刷媒介，也更具有细节丰富、音画多媒体、生动吸引性更佳的特性。由于电视的覆盖面，其对常识的普及可以在瞬间覆盖大量群体，相比文字媒体而言，效率尤高。

舆论的引导、伦理的维护：电视由于聚集了大量的受众，又具备丰富的细节表现能力、快速的传播效率，其对舆论的引导可谓史无前例地强大。事实上，在电子媒介出现以前，由于印刷文字媒介的传播效率低下，当时的"舆论"概念和今天有巨大差异。今天的舆论是一种快速变化的言论集合体，这个集合体位于种种媒介构成的场中，并随着媒介对环境的反馈、传播者之间的快速互动而不断变化，直至和环境相适应，才渐趋稳定。而印刷时代的舆论的概念和文化相类似，都是基于纸质这一缓慢而相对小量的媒介，持有不同观点的传播者之间不能有效地交换意见，不能互相快速反馈，也缺乏讨论的平台（不论是物质的还是意识上的集合体），因此舆论的概念只反映在纸面上，而非跟随着传播者互动，文化，在印刷时代是一个相对稳定的概念，也可以称之为"固化"的舆论。它们都通过印刷媒介，在不同的传播者间缓慢互动。电视媒介中的文化和舆论则有着明显的分野：文化是一种对社会、民族、伦理、自然等一切主客观概念的认识，具有稳定性；舆论则是快速变化的对上述概念的集合信息交换，具有不稳定性。人类种族的繁衍离不开伦理的维持，其具体表现就是舆论的产生、碰撞和安定状态的获得这个过程。伦理（包括道德观念）不断受到具体事件的冲击，具有较大影响力的事件、媒体选择呈现的事件往往是具有伦理讨论的价值的。事件发生后，舆论一般会对其有所评论，这种评论发自于社会个体或社会组织，评论的本身又引发其他传播者的思考和反馈，媒体通过发布这样的信息互动过程，并将结论呈现给大众来实现对伦理的维护。也即是在一个具有大众影响力的平台下进行观点的交锋，并得到最终为大多数人认可的结论——虽然这个结论是由媒介暗地操控的，媒介可以根据自己的标准来选择终止或继续话题，但多数情况下，媒介本身必须遵循一系列普遍认可的价值观，否则媒介本身的公信力会渐次丧失。因此，我们不用过于怀疑媒介对舆论的引导和伦理的维护功能。电视媒介的大规模、细节客观报道更增加了其效力。印刷时代的舆论和伦理必须由教育传播到个体，再由言论精英、政府或民间的知识分子即具有话语权的个体来维护；而电视媒介就可以直接向大量受众传递更易于接受的价值观，这种媒介的能力是前所未有的。

电视的工具性体现在对常识的传播、利用新闻对环境的变化进行监控、引导舆论等方面。这是电视与电影具有相类似的形态、但在功能上却差异较大的原因。电影在电视上进行观看的时候，只作为电视的内容类型之一，从这个角度，电影是被电视囊括在内的。但由于电影观影模式还是以影院观影为主（当前），这也是整个电影工业的基础，故而电影仍保持了其相对独立的地位。

只有当电影观影模式发生改变，才可能导致电影作为媒介类型的消失，而彻底转化为电视的内容类型之一。

2. 电视作为娱乐媒介

电视的娱乐性质也较电影更为复杂。当代电影有许多细分类型，如好莱坞电影、宝莱坞电影等按照生产地理和风格类型划分；如微电影、大电影等按电影投入、时间长度等标准划分；按大众电影、艺术电影等主题划分。但这些划分基本上跳不出以虚构的故事、人物来开展情节的内容模式。电视娱乐则更为多样化：综艺、戏曲、歌舞、相声、小品、讲座、旅游、美食、带有娱乐性的文化节目等，而且其中的每一种节目形式都可以进一步细分为更多的类型，而且电视的娱乐节目还在不断变化之中，新的节目形式还在出现，许多节目属于混合性质，已不能简单地划分为某一种类型了。例如中央电视台的"鉴宝"栏目，既具有娱乐性质，又具备一定的文化教育功能；又如"我等你"寻亲栏目，既具有社会服务功能，又具有精神安抚功能，等等。总之，电视的娱乐性质和其他性质——社会服务、新闻信息、科学普及、教育教化等混杂在一起，呈现出更为多元化的复杂分类。

美国文化学者尼尔·波兹曼的著作《娱乐至死》从一个新颖的观点揭示了电视对人类生活从印刷文化过渡为电视文化的重大调整，她认为电视通过将所有严肃事物娱乐化的方式解构并重现，这改变了公众话语平台——既改变了公众舆论的内容，也改变了公众舆论的意义，电视实际上用娱乐化的方式重新定义了公共舆论中的一切事物。波兹曼对此现象是持负面态度的。这无疑也是一种精英文化失落感的体现。确实，印刷文化通过文字这一抽象媒介，为精英和草根设立了不可逾越的界限，在没有其他更先进的媒介形式之前，印刷文字是唯一的权力媒介，它保障着精英对公共话语的控制，实质上控制着整个社会的资源和再分配。但电视媒介对印刷文字媒介全面压制的技术先进性打破了精英对话语权的垄断，通过运动图像这一浅显的、生活化的再现方式，人人看得懂、人人喜欢看，电视的话题热度、参与度超越了报纸和书籍；人们不再以精英的话语为旨要，而转向听从电视，甚至逐渐可以批评媒介；普罗大众与舆论平台之间的藩篱终于消弭，媒介不再是高高在上的神圣不可侵犯的权力代言人，而变成了草根的武器和意见集合流转之所。固然，草根具有民粹主义的负面，情绪化、平均化、反智主义；但不可否认的是，电视给了大众一个更广泛的言论场所，这对于精英而言是一个挑战——有价值的思想可以得以传播，似是而非的观念要经受人们的挑拣——真正的精英应不惧怕这种挑战，普及民智本身就是精英的责任。娱乐化是草根和精英对立的表现之一。娱乐化可转换表示浅显化、大众化，与深刻、严肃相对立，如果说娱乐代表平民，深刻代表精英，娱乐化确实是对"正确的少数"的颠覆。不过正如波兹曼论著所建立的理论架构所叙述的实质观点一样，娱乐化并非单纯的娱乐，而是对社会观点、公众伦理、人类文化的一种阐释方式，在娱乐中传播的不仅仅是娱乐，也包括严肃的内容，但这种内容的表述方式可能更为大众，更容易被草根平民接受。同时这种叙述方式消解的是统治阶级、知识分子通过印刷文字建立起来的无形的文化特权，使草根事实上获得了与他们对话，甚至批驳、蔑视他们的权力，故此必然会导致精英的不满。因此，娱乐化本身并不是过错，只有单纯的娱乐才有可能使人类陷入纯粹物欲和空虚。我们应该避免一种单一的感官享受论，但不应该排斥引发大众权力提升的娱乐化文化背景。

电视的娱乐化和它的教化、伦理功能混杂为一体，这是我们应该着重强调的。我们把焦点返回虚拟现实。虚拟现实功能对电视娱乐功能的提升具有一定意义，体现在：个人终端式的可穿戴设备中的影像能给电视受众提供更高的沉浸感、现场感和互动乐趣。传统电视的优势在虚拟现实设备中得以继承——画面写实、音画俱备、细节丰富、传播迅捷等特性，在虚拟现实环境下同样存在，而且由于沉浸感的出现而更为强化，虚拟现实的沉浸感对于电视节目的观赏性有一定作用，可以令观众获得更为逼真和更深刻的情感体验，例如综艺节目中，虚拟设备可以令观众如临现场。但是虚拟现实设备也带来了一些累赘和负面效果——由身体负担的设备、较传统电视更为复杂的操控和使用方式、无法与他人共享的观赏方式。虚拟现实电视会否取代传统电视，需要从电视的娱乐性的特点上观察。如前所述的电视的娱乐性和电视的舆论、伦理、教化等功能混杂在一起，并不是电影那样的单纯的娱乐性（注：并非全盘否认电影的教化、伦理功能，而是从电影内容类别和功能比例上大体而言）。电视的这种"非专门娱乐"或者说"混合型娱乐"特点，使得电视媒介的视觉冲击力和感官刺激度无须达到电影的级别。换个通俗点的说法，电视不必像电影一样刺激，分分秒秒抓住观众的注意力，而更多的是一种休闲娱乐媒介、泛娱乐媒介。休闲娱乐的种类大体上可分为刺激程度高和刺激程度低两种。前者如观看动作电影、坐过山车、蹦极等剧烈运动；后者如观看电视剧、综艺、歌舞、打太极拳等。这不需太多的科学论证，不过是我们从生活中得到的常识。除了电视娱乐的内容外，电视娱乐的形式也影响了其内容的刺激程度，同样一部激烈的动作电影，在电视的小屏幕上放映效果当然也不能和电影相比。虽然虚拟现实设备令电视娱乐的刺激程度得到提高，但总体而言，虚拟现实无力改变电视作为人类生活的"功能性"媒介特征，对电视"娱乐性"的刺激程度的提升也较为有限。因此我们可以推测，虚拟现实给电视带来的变化远没有虚拟现实电影的改变那么大。虚拟现实电视作为娱乐媒介，有可能与传统电视共存在消费领域。

3. 虚拟现实和电视的融合

虚拟现实从根本上讲，是一种个人的虚拟空间装置。为了营造"空间"感，必须使人有 360 度的沉浸感，这是与以往任何媒介有所区别的一个重点。虚拟现实与视觉媒介的融合，代表着视觉媒介向视觉＋体感媒介的进化，从此人们可以与环境进行类似真实的互动。这种互动更多地与环境信息交换相关，而与视觉信息的关系变成了中介。在电视等平面媒介中，视觉信息就是最终的信息，人类依赖视觉信息与环境互动；在虚拟现实媒介中，视觉信息既可以是最终信息，也可以是中介信息，作为中介信息的时候，视觉是为了反馈触觉、身体动作等基于物理空间变化而出现的信息而存在的。虚拟现实与电视的融合，带来的必然是空间触觉、沉浸感的媒介交互界面。现在我们应该思考的是，这种界面会对现有的电视节目类型带来何种改变。以下就几种主要的电视节目类型进行分类分析。

虚拟现实和电视新闻：电视新闻原有的特征是现场感强、可信度高、传播速度快，相比平面媒体新闻，更具有感染力和说服力，更能调动观众情绪。在新闻中加入沉浸感，可以使观众具备和出境记者、摄像师一样的视觉画面，加深现场感；但触觉传递比较复杂，考虑到新闻成本，可能不会流行，而且新闻事件中触觉似乎并没有太大的实用价值。对于观众来说，可以更"设身处地"地感受新闻事件主人公的情绪、理解他人和事件。但一则新闻如果不能客观报道或带有倾向性的时候，虚拟现实新闻也会强化其倾向（通过更强烈地感染受众）。

此外，新闻一向以真实性、及时性为原则，电视新闻通过电波传播保证了及时性、通过视觉图像记录保留了真实性，故而得到了观众的认可。潜在的流行因素还有被动性，受众在观看电视时普遍感觉"不费脑"，不像文字媒介那样需要受众卷入。虚拟现实的电视新闻需要拍摄多角度环境，在某些突发事件报道、灾难报道等现场感强的新闻中具有利用价值，但对于事件深度报道、人物访谈等不强调现场感的新闻则没有太多用武之地。

虚拟现实和电视综艺节目：综艺节目的种类很多且尚在不断变化，缺乏可行的严谨分类。传统的如歌舞、相声、小品、杂技；近年出现的较新的综艺类型包括真人秀、选秀、情感类节目、文化类节目等等。总体而言，综艺节目的形式是娱乐为主，而且不需要用户过多参与，也不强调及时性，而重点在于是否对观众胃口，娱乐程度是否够高，能有大量流行的"看点、笑点、泪点"。节目观看后应予以观众轻松、愉悦感或负面情感（如他人的沉重感或悲伤感可以反向映衬受众自身的幸福感）；大部分综艺节目并没有强烈的现场感，对视觉要求不是十分突出。作为一种技术，虚拟现实在电视综艺节目中缺乏采用需求。

虚拟现实技术和纪录片：电视纪录片是一种具有较高社会价值和精神价值、有一定娱乐或教育意义的纪实性电视作品。根据不同的传播目的，任何人或事都可以作为纪录片的记录对象。例如中央电视台就要多个频道有纪录片栏目：反映动物和自然的《人与自然》；反映乡村生活的《金土地》；反映军人生活的《军旅人生》；各类带有纪录性质的栏目如《今日说法》《第一书记》等。纪录片属于电视节目中的重要类型。他们通过纪实或半纪实、伪纪实的手法来使观众获得关于这个世界的其他人或事的信息，从中获得教育、体会经验或释放情感。相对于其他节目类型，纪录片贵在"真实"和贴近生活的一面。虚拟现实技术与纪录片的融合主要在于视觉效果要求较高的领域如旅游、风光纪录片、科教纪录片等。因为虚拟现实技术的沉浸感需搭配视觉效果来达到令人如临其境的真实感，在没有声音和画面刺激下，不存在独立的沉浸感。沉浸感是基于视觉和听觉（主要是视觉）的次级感受。旅游、风光纪录片应用虚拟现实技术可以很好地将受众融入现场，使受众体验到近似现场的景色；科教类纪录片采用虚拟现实技术可以更有效地阐明所说明事物的原理、特点和运动规律等较为抽象的概念；像《人与自然》一类的纪录片则可以使人类在前所未有的近距离和角度去观察自然。这些是现实生活中不可能实现，而平面影像也无法完美做到的。

虚拟现实技术和电视剧：传统电视剧与电影同为以视觉方式呈现动态故事情节的艺术形式，区别在于观影方式不同而造成的一系列差异，包括视觉效果的差异、行业产业链差异、成本差异以及时间长度的差异。传统的电视剧始终在视觉效果上无法与电影相匹敌，同时成本较小，播放时间长，故而更注重情节的充分发掘和展开，与电影的快节奏、紧凑剧情不同。总体上，传统电视剧的视觉效果随着技术发展和市场竞争在不断提高，但对于虚拟现实设备中的观赏而言，视觉效果并不是其主要卖点，但也存在成为重要的提高电视剧娱乐性的辅助技术的可能。电视剧的虚拟现实应用可以提高视觉效果，同时也会提高电视剧制作成本。

电视剧的时长比电影高几倍乃至几十倍，成本上不允许采用太高的视觉效果。大部分电视剧以情节为娱乐性的着力点，而非特效。故传统电视剧的虚拟现实应用也是有限的。不过，一种新的虚拟现实电视剧类型可能出现，其并不在公众电视上放映通过收视率吸引广告盈利，而是在收费频道或者以消费者直接按需购买的形式播出。这是由虚拟现实内容的高成本决定的。传统的广告无法支撑虚拟现实电视剧，但收费频道和个人消费渠道有可能实现。在市场自由调节作用下，一部虚拟现实电视剧有可能获得部分人群的追捧购买而盈利，这可以避开电视台的渠道限制。这种形态下，可以产生以虚拟现实体验为卖点的电视剧内容。但这并不意味着电视剧中会有大量的视觉刺激，毕竟电视剧还是以叙事为主，很难想象一部从头到尾以视觉刺激为主的电视剧，除非完全抛弃情节的体验内容，那又脱离了电视剧的概念。

4. 虚拟现实电视与传统电视的分离

电视的公众播送的信息发送方式和虚拟现实的个人信息接收方式有一定的对立，观看传统电视的受众和观看虚拟现实电视的受众不在同一环境内，具备虚拟现实的节目内容播放于传统电视上没有优势，观看传统电视内容也无须佩戴虚拟现实设备。因此，专门的虚拟现实频道可能出现，这就分离出不同的电视内容，类似于今天的高清电视频道，都是以技术和需求催生并区分。如此，虚拟现实电视频道将单独成为一个产业链，从制作到销售播放都独立于传统电视。至于这个产业机构是从传统电视台中衍生（和高清电视类似），还是独立于传统电视台，还要依赖于市场的规模。另外一个问题是虚拟现实电视向传统电视转化的技术和效果，也影响到虚拟现实电视机构的独立与否。举例说，当前的高清电视频道，在高清电视机上可以收看高清节目内容，在普通的非高清电视机上也可以作为普通非高清节目内容播出，两者的本质差异不大，只是图像清晰度的区别。而虚拟现实电视画面虽然是由平面画面转化而来，但虚拟现实电视能否转化为平面画面，以及转化后的效果如何，在很大程度上决定了虚拟现实电视频道是否会作为电视台的一个独立频道播送，抑或是完全独立于传统的电视体制外。

虚拟现实受众就是佩戴上虚拟现实设备的受众，脱下虚拟现实设备后，受众身份不会改变，改变的只是通过何种渠道获取信息和娱乐。传统电视、虚拟现实电视、电影和其他内容，需要受众选择性地接收。传统电视的休闲性和虚拟现实设备的沉浸感、较高视觉刺激性有一定对立，人不可能长时间处于接收强刺激的状态，故传统电视不会被虚拟现实电视取代，虚拟现实电视最终的落脚点，可能是具有休闲性质或教育性质，同时需要视觉强化的电视内容。当人们需要更强烈的刺激时，虚拟现实电视并非首选，而会追求虚拟现实电影、游戏等；传统电视的休闲属性、低卷入、低互动特征并非其缺陷，在信息过载的环境下反而成为一种稀缺属性，对受众具有不可替代的价值。

小结：电影和电视都是基于平面视觉和动态画面的媒介，在不同的受众接收模式下，两者都发展出了相对独立的产业链，包括硬件和内容制作、盈利和播送方式等。虚拟现实设备与这两者在未来的结合，也将呈现不同的路线。传统电影单一的娱乐本质注定了其向虚拟现实融合的命运，而电视功能的多元化和传播渠道则使虚拟现实技术影响不大，但在社会互动层面，虚拟现实增强的视觉刺激可能给电视的传播效果带来提升，即强化电视媒介的观点或潜在态度，更易于左右和影响受众。对于电影来说，虚拟现实是形式的变革，对于电视而言，虚拟现实是性质的变革。作为传播学的研究对象，一直以来电视的媒介意义要大于电影；虚拟现实对两者的影响大小不同，也证明了具有复杂功能和结构的媒介更难以被融合，而功能较为单一的媒介则更容易被同化或取代。

传统的电影和电视都缺乏互动性，这导致虚拟现实在两者中的作用有限。虚拟现实的沉浸感可以强化影视的视觉效果；但虚拟现实的互动性特征在应用在电影中需要更高的成本，在电视中则相对缺乏用武之地。但这并不能否定虚拟现实技术对于构筑全新社会交往空间的重大意义。虚拟现实技术的媒介革命更多地体现在其对人与人、人与自然之间的互动关系上。虚拟现实并不是一个可以用媒介二字概括的，而是类似互联网一样，基于技术但核心在于互动性的媒介融合体。

Virtual Reality

虚拟现实

娱乐至上：
虚拟现实和游戏/娱乐的变革

游戏，是人类与生俱来的本能之一，或者从更大范围来看，是动物与生俱来的本能之一。游戏是动物界中常见的现象，无论是人还是动物都有自发性的嬉戏玩闹行为，这就是最简单的游戏形式。略为复杂的游戏带有规则，往往是一种竞赛性质的活动，如篮球比赛。更为复杂的游戏是开放式游戏，例如开放式结局的电子游戏《GTA》《我的世界》；人类社会的各种政治经济现象都可以用游戏的核心理念来解释，甚至以整体人类社会为游戏场所的、没有结局的、游戏参与者是全体人类，即生活或生命的另一指称。可见，游戏与动物的交往互动能力不可分裂，游戏中至少有一个以上的主体——人或生物，当主体与其他主体或自然界进行互动，才能产生游戏行为。游戏是动物具备的能力，只有动物具备与现实世界互动的能力，这是生物性的本质所决定的。此外，游戏也是从生理上令动物提高肢体和脑部互相协调能力、大脑认知能力的一个重要手段。神经生理学、认知发展心理学、分子生物学等领域的研究成果都已经表明，游戏行为可以塑造大脑、稳定情绪、创造能力。动物的感官，肢体通过游戏行为，可以学习世界的规律，这可能是游戏最大的实用性。

从心理学和动物行为学上看，游戏是一种自愿自发的、本质上属于有积极性的行为，它们通常与消遣、放松、娱乐等目的联系起来。游戏除了在动物中很常见之外，在人类的婴幼儿和青少年时期尤为普遍；而在成年人中，游戏也是一种有用的行为。游戏行为的重要性在许多心理学者眼中，作为人类的本质属性之一，对人类的发展有着重要的促进作用。但是，游戏在人类社会的日常认识中，往往又被视为是一种轻佻和无聊的行为。游戏包括许多种类型，例如体育运动、比赛，其实都属于游戏的一种。但是体育比赛有着结构化的形式，属于有着强烈的目的性的游戏，它们和轻松愉快的甚至是无意识的消遣性游戏存在区别。但是人们往往会认可前者，而否定后者。譬如将体育描述为健康的、有益的、荣誉性的；而在街头巷尾闲逛、发呆等活动则被描述为"无所事事"等。实际上，不论何种形式的游戏，其不仅仅是一种消遣，而更是在人类生活的多个方面都可以发挥重要的作用，包括心理压力的释放、自我认知、社会教育和交往技巧；从宏观层面讲，游戏对于充满压力的世界具有消除矛盾的整合作用，可以令人类世界更和平地发展。

对游戏的系统学术研究著作，始于荷兰学者约翰·赫伊津哈的《游戏的人》。这本出版于1944年的文化历史领域著作，第一次对游戏在人类文化历史中的意义和作用进行了严谨的分析。

在此之前，游戏并没有作为一个学术研究对象出现。约翰·赫伊津哈将游戏的一些重要特征进行了明确，并对游戏和文化的关系进行了重点研究。他认为，游戏是文化的酵母。我们可以理解为游戏是具有具体规则、形式和参与者（人）的自发活动，文化是抽象的、缺乏具体特定规则和形式的概念，游戏构成了文化的一部分，甚至可以说是其起源部分，游戏所反映的关系就是人与人之间的关系，只不过这种关系是在特定范围内的；文化则是更大范围的人与人之间的关系，两者具有类似之处。约翰·赫伊津哈把游戏的概念扩大到了一切人类的重要领域，如宗教、经济、政治等，他认为在这些严肃的社会生活领域中所体现的也不过是游戏的一般冲动。这种扩展性的思维，颇类似于麦克卢汉的泛媒介论——即将任何人类社会领域概念视为具有媒介的性质的事物。实际上麦克卢汉认为游戏和娱乐活动在当代所获得的新意义的源头之一就是约翰·赫伊津哈的这部著作，强调了其在游戏文化研究上的起源地位；同时确认了游戏在人类发展中的重要本质。

20世纪50年代，法国儿童心理学家让·皮亚杰针对儿童的游戏行为，提出将游戏分为象征性游戏、规则性游戏两类，前者例如"过家家"的儿童游戏，将身边的事物代替成人世界中的事物，将儿童自己模拟为不同的成年人角色，这是一个认知和情感投射的行为；后者如中学生进行的篮球赛，以规则为戒尺学习服从和适应社会功能。两种游戏的主要功能是令儿童、青少年学习成人社会的人际互动方式，顺应社会，为融入成人社会做准备，是一种心理成熟和社会化的手段。而愉悦和消遣效果仅仅是游戏的副产品。

1961 年，法国社会学者罗杰·凯莱斯 Roger Caillois 在 *Man, Play and Games* 一书中，同样以游戏的框架对人类社会进行了阐释。在赫伊津哈的理论基础上，凯莱斯对游戏的形式更详细地划分为 4 种类型：竞争、机会、扮演、眩晕。他认为，现实中的任何具体游戏都是这 4 种的互相组合。同时他提出了游戏的 6 个核心特征：非强制、与日常生活分离、结果不确定、非生产性、有规则、参与者共同的想象空间；此外他还把人类文化的不稳定性归因于有规则游戏和嬉闹性游戏的两种状态之间的互相影响，等等。

1987 年，美国纽约大学学者詹姆斯·P·卡斯出版了一部具有广泛影响的书《有限与无限的游戏》。作为一名无神论者，卡斯在这本书中，认为游戏有"有限"和"无限"两种类型，所谓有限的游戏，在卡斯看来是会结束的，有着明显的开始和结束。其结束的标志就是某一方获得规则规定的胜利，例如体育比赛、战争、辩论；而无限的游戏则是持续的、开放的、不会结束的，其目的就是游戏本身。万一出现游戏接近结束的状况，那么游戏规则会改变，以保证游戏的延续。无限游戏只有一个实例，那就是生活、生命本身。卡斯以这两种概念去探讨了人类的性、历史、社会、财富和宗教信仰等各个方面。卡斯认为两种游戏都有规则，规则都被参与者所赞同；然而，规则的意义在两种游戏中各不相同；规则和边界对我们生存的这个人类社会进行着不断的构建。该书强调了一种从游戏参与者出发的非严肃的视角。

总之，人类自认识到游戏的严肃意义以来，关于游戏对人的影响的研究汗牛充栋，已经积累了大量的实证资料。这些资料都证实了游戏不仅仅是一种无意义的消遣行为，而是一种具有深刻实用价值的、对人类生命和社会发展至关重要的人类和社会现象。

游戏的分类和电子游戏

根据不同的需要，游戏的分类也可以不同。例如前述的"有限游戏"和"无限游戏"这种学术性的分类；也可以按照游戏参与者的不同划分为"人类游戏"和"动物游戏"；而前者又可分为"成年游戏""青少年游戏""儿童游戏"；如果按照游戏领域不同，还可划分为体育、政治、社交等等。游戏的分类并不唯一，只在特定目的下进行分类才具有意义。在这里，如果将游戏环境的塑造是否有"电脑"介入作为区分的话，我们可以将游戏分为电子游戏和其他游戏两大类。这样的分类具有何种意义呢？我们知道，电脑是人类科技史上的重大发明，它极大地提高了社会生产力，也在各个不同方面影响着我们的日常生活。当今人类社会的大量事务处理都由电脑来完成。电脑所带来的工业革命式影响已经被确认。正如游戏可以与人类社会的多角度进行融合，电脑也在融合人类社会的各个方面。区别是游戏是人类行为概念，而电脑是技术概念。这两者的融合，意味着全新的互动环境的出现。有电脑介入的游戏与其他无电脑介入的游戏相比，具有完全不同的意义，通过这样一种分类，可以在技术影响人类社会和人类行为的变革因素中找到关键变量，更清晰地看出我们社会的未来走向。

电脑介入的游戏，最典型的就是电子游戏。电子游戏可以为游戏参与者营造一个具有特定规则的互动环境。游戏者在这个环境中为实现一定的目标而不断挑战自身或与他人竞争；或实现开放式的、无严格目的性的自我满足行为；或以游戏为媒介与他人进行社会交往。在游戏环境中，游戏者可以选择与电脑互动，或与人互动。但互动性并非电子游戏的专属特征，游戏这个概念本身即带有互动和反馈的含义。我们可以想象，婴儿玩耍时，可以就一个简单的塑料球长时间投入集中的精力将其反复拍打、投掷或啃咬。实际上这种行为利用游戏进行阐述，即婴儿在这种活动当中获得了愉悦，愉悦来自于塑料球在婴儿不同的动作影响下，呈现出不同的状态。这实质上就是互动和反馈。倘若无此互动和反馈的特征，比如一面墙壁，婴儿只能拍打它，而不能进行其他操作，这就可视为互动的有限性。两者比较而言，塑料球更能获得婴儿的注意力。也就是说，有互动成分——不论是人与自然或环境、与物或与人的互动——是游戏成立的前提；而互动成分的多寡，很大程度上决定了游戏的复杂程度，也影响着游戏者的积极性。这点也可以从游戏带有不确定的结果这一特征获得印证。

英文中的"游戏"也可译为"Games"，即"博弈"之意，博弈本身带有一定的随机因素。游戏的不确定性带来了游戏行为的有意义，也反映了游戏的结果需要参与者的行为与游戏环境、与其他参与者之间互动之后动态地生成，游戏者可以努力实现游戏的某种结果，但不能确保其实现。没有任何游戏从一开始即知晓结果，即使简单如婴儿投掷塑料球的游戏行为，也带有不可控性。对于肢体尚未发育成熟的婴儿，可能某次投掷不成功或投掷方向不合意等，但这并不会影响婴儿继续这一行为和将其作为"游戏"的兴趣。成人之所以不进行这种简单的肢体游戏，可能与成人的肢体能力已经达到完全可控的程度有关。在成人看来，投掷塑料球行为的结果是固定的，一成不变的，几乎不可能出现差错的，这就意味着这一行为已经失去了游戏的价值。

相对于无电脑介入的游戏，电子游戏有着重大差异。游戏是人的一种行为，这种行为需要与环境、与他人进行互动才能进行，同时需要游戏的场所、游戏的环境或游戏的玩具。在游戏环境中，人可以把自身与现实世界脱离，在心理上构建一个虚拟空间，在这个空间中与他人、与事物进行互动、反馈，完成游戏目标。例如儿童们常玩的"跳房子"游戏，需要在地面上画出几个方格，构筑一个虚拟的"房子"，在其中只能单腿跳跃。空间的构筑并非是游戏的必需条件，但是充分条件。单一的玩具则不同，例如魔方——虽然玩魔方的时候人是全神贯注的，但魔方并不能给人带来环境和空间构建，因为玩具本身的功能是单一的，无显性文化意义的器物。游戏空间能激发人的想象，而且有利于多人共同互动。玩具可以看作是一个点，空间则是面。点的意义是唯一的，面则提供了更多的可能。在构筑空间上，电子游戏有以下特点：

细节更丰富：电子游戏在构筑游戏空间上有任何媒介都无法媲美的能力。"跳房子"中的空间，是以线条构成，需要更多的想象来获得意义，是抽象的；而电子游戏构筑的空间，以画面、声音、色彩等丰富的信息组合，更为具体而实在。

可变化的游戏结果：对于非电子游戏，很难构筑一个流动的、具有丰富细节的游戏空间。电子空间的特征就是无形、可编程、可控、高效率，传统游戏空间中较为复杂的如游乐场，需要投入大量资金、人力物力去建筑，而且一旦建成后无法改变，只能实现其预定的游戏功能。

可互动的游戏环境：电子游戏在一定意义上可以变化，可以根据游戏者的不同行为产生不同的反馈，具有更多的不确定性，提高了游戏者的主动性，游戏结果更吸引人。

电子游戏的互动性是它的核心属性。互联网网络传播虽然也具备互动性，但这种互动性并不是网络传播过程的必要条件。网络传播中的受众可以选择参加互动进程，也可以选择作为一个旁观者接受单向信息流的冲击，而不去影响传播过程。其过程的序列性强于共时性，其信息与反馈之间的响应时间比电子游戏长，其传播过程所处的环境不是一个有机系统，受众的反馈信息不一定能有效地影响传播过程，甚至毫无影响。

在麦克卢汉看来，电视是视觉、听觉和触觉能力的综合延伸。"视觉、听觉"的延伸较为清楚，但触觉的延伸则有些让人费解。对此麦克卢汉的解释为"电视形象的触觉性质最生动的例证之一……用闭路电视教手术时，学生从一开始就报告说……仿佛他们不是在看手术，而是自己在主刀做手术"[①]。可见所谓"触觉"就是人参与到媒介构造的信息环境中并与之互动的感受。但稍加分析就知道，电视毕竟是再现一个"已发生的情景"，受众并不能真正地参与其中。麦克卢汉用电视这个并不符合触觉概念的媒介来说明触觉的实质，却展现了他对媒介发展趋势的预见性，这种"自己在做"的感受在电子游戏中体现得淋漓尽致。电子游戏需要参与者集中全部注意力，"深度卷入"以及对互动性的极端要求，恰恰是符合麦氏对"触觉"的理解，这样一来，结合麦克卢汉的描述，我们可以获得一个由麦氏理论推导出的结论：电子游戏是人的视觉、听觉和触觉的综合延伸，尤其是触觉的延伸。

有大量的实例足以支持这一结论，如电子游乐场中的赛车游戏，玩家坐上仿真赛车，通过和赛车手类似的一系列操作，在仿真的环境中体验赛车的速度感，套用前面所引的话：仿佛他们不是在看赛车，而是自己在开赛车。电子游戏提供的信息环境越来越真实，如在《反恐精英》这款模拟真人视角（第一人称）的射

---

① 马歇尔·麦克卢汉：《理解媒介：论人的延伸》，商务印书馆2000年版，第405页。

击游戏中，不同种类的枪械其杀伤力、子弹射速、后坐力，甚至弹道轨迹都按照真实枪械设计，拟真度如此高的环境是电视所提供"触觉"延伸不到的。

虚拟现实：更高阶段的游戏体验

电子游戏在20世纪60~70年代被发明以来，作为一种使人（尤其是青少年）如痴如狂的娱乐工具，受到了社会学家、心理学家和行为学家越来越广泛的关注。电子游戏所带来的成瘾性，很显然来自于其提供的具有竞争性的、互动的超现实虚拟空间，诱使人们在没有任何现实物质回报下孜孜不倦沉溺其中。可想见，人所能获取的某种精神回报和生理回报在电子游戏中得到了极大满足。根据"使用与满足"理论，人们接触传媒的目的是为了满足其特定需求，这些需求有一定的社会条件和个人心理起源，在媒介印象的影响下、在可能接触得到的媒介中进行选择，然后开始接触媒介；而接触媒介的结果，影响个人对该媒介的再次接触可能、再次接触的频率及深度。电子游戏在社会大众中的普及要比电视等其他视觉媒介晚，受众数量的持续增长就意味着他们在所面对的众多媒介中选择了电子游戏，并获得了在其他媒介接触中无法获得的满足类型。从生物性的角度，电子游戏使大脑生产出更多的多巴胺，使人获得高度的、在其他媒体中所无法获得的、独特的快感。

虚拟现实的最初阶段，是作为工业和军事目的工具而出现的，但其受到消费市场的关注，成为大众传媒中常见的高频词，则是以其在娱乐领域的巨大潜力为背景。尤其在电子游戏中，虚拟现实技术可以大大增强游戏的真实感、沉浸感，在更高层次上刺激人的兴奋感。60年代至今，电子游戏形式从未脱离平面视觉体系。游戏以画面为表达方式，以机械和电子装置为操控手段，以电脑程序为互动系统，游戏者通过装置与电脑进行互动。大部分电子游戏可以看作是电脑提供一个竞争规则，来挑战游戏者；对于网络游戏而言，游戏者除了和电脑程序互动外，还与其他游戏者进行互动，构成了一个类似真实社会的具有公共空间的虚拟世界。三维动画技术相对平面动画而言是一个突进，它的出现使得电子游戏空间可以营造"第一人称视角"，模拟人的视觉活动方式，增强游戏者的体验；网络技术提供了游戏者交往空间；虚拟现实技术则更进一步，打开了身临其境的阶段之大门。虽然从技术上看，虚拟现实不过是把平面显示器改为头戴显示器，但这个不起眼的改动，对于人的感受来说，已经是天壤之别。三维、网络、虚拟现实，当它们各自作为单独的要素出现时，对游戏的推进是有限的，并非革命性的；而当它们三者都达到一定成熟水平，同时融合后，革命性的一幕出现了。那就是虚拟现实电子游戏所构成的新空间。我们日常生存的空间即三维空间，我们作为群体动物生存，不断地与他人联系而形成社会网络，在这两者通过虚拟现实整合为一时，我们就进入了一个从体验角度而言与真实世界

266

极为相似的全新空间。这个全新空间不同于过往的概念。首先它是具象化的，其次它是现实和超现实相结合的，第三它是人类历史上第一次以三维沉浸方式，也就是完全模拟现实人类感知这个客观世界的方式呈现，第四它是一个互动空间。这些因素集中到一点，水到渠成，不可避免的所谓革命性媒介——虚拟现实，最终出现了。在人类漫长的想象力历史中，无数的艺术家、哲学家、普通人都有过对抽离这个物理世界的创造性思想，包括小说、电影、诗歌、画作、游戏，它们不仅仅是个人的奇思，更是人类对现实制约的反抗和对完美世界的渴望。然而这些艺术形式没有任何一个能够同时实现视觉、互动、交往、沉浸的效果，无法让人"以身体进入"。想象空间只存在于创作者的头脑和作品中，受众无法接触这个空间，也只能通过想象自行"脑补"。虚拟现实彻底改变了这一切。其所营造的空间、所谓革命性正在于，从此人们可以真正"进入"想象空间，"进入"新世界，与新世界互动。新世界不再是无形的、不可触碰的，而是有形的、可以互动的，不再是一种虚无，而是一种实在。

电子游戏具有成瘾性，大量的研究已经证实过。这方面的研究大多数集中在生理和心理层面，前者如刺激与多巴胺的关系，后者如反抗和逃避等。无论是生理还是心理，其根源都在于人类的生物性。用马克思主义的基本观点来看，即物质决定论。就生理原因来看，令人类产生"快乐"感受的物质为多巴胺。1999 年的一项实验中，科研人员用正电子发射计算机断层显像（PET）

扫描人在玩电脑游戏时脑中的多巴胺水平发现，游戏玩家在游戏过程中，脑中多巴胺水平最多能上升到比日常值高 200%。不仅仅与美食的诱惑相比，玩游戏比性爱带来的刺激都要高出许多[1]。也有研究认为，玩游戏分泌的多巴胺数量相当于吸毒[2]。除了游戏直接带来的快感外，从社会心理上看，电子游戏和其他游戏乃至体育运动、赌博等本质一样，是对现实压力的逃避、对一成不变的现实的反抗等的表现。当人们对自身所承受的压力感到过大时，就可能通过某种事物去逃避现实。青少年的自控能力不如成年人强，故而青少年更容易电子游戏成瘾。但如果 1999 年的电子游戏就已经能达到如此效果，18 年后的今天（2017 年），电子游戏的画面、音乐、可玩性和种类已不可同日而语，未来加入虚拟现实的电子游戏可能给人带来的刺激和快感，恐怕更难以想象。虚拟现实技术与电子游戏、与互联网结合的结果，是在以往电子游戏的平面人机互动基础上（随时可以和电子游戏脱离），变革为三维沉浸人机、人人互动的虚拟世界娱乐，某种程度上，从虚拟世界中脱离变得更困难。游戏者的注意力完全投射在虚拟现实游戏世界中。传统的电子游戏，是面对屏幕，操纵游戏手杆或电脑键盘，只有屏幕这块小小的空间属于游戏世界，人的视觉、

---

[1]　凤凰网：《玩游戏比性爱更有快感 清华生毕业论文火了》，http://games.ifeng.com/bgnews/detail_2015_07/28/41074794_0.shtml，2015-07-29。

[2]　网易：《专家：玩游戏分泌多巴胺相当于吸毒》，http://digi.163.com/14/1208/05/ACU0722D00163HDE.html，2014-12-08。

听觉都受到客观环境的干扰；而在虚拟现实带来的与现实完全隔绝的游戏环境里，游戏者完全投入，注意力完全沉浸在与虚拟现实中的电脑或通过网络与其他玩家互动中，这种情况下，游戏已经成为一个全新的世界环境，其所能带来的惊奇感、刺激感，恐怕令成年人也难以自控。这并非夸张，通过网络上的一些视频我们可以看到，初次接触虚拟现实环境的人，都会感受到一种强烈的震撼。

虚拟现实下的电子游戏区别于其他图像视觉媒介（电视、电影、艺术作品、传统电子游戏）之处，是除了可以提供拟真的信息环境外，还可以提供超现实的信息环境。这个信息环境的形式是具体的，但建构的基础是超现实的。

电子游戏与其他超现实的艺术作品不同，如小说是建立在文本基础上的超现实空间，文字媒介提供给人的细节是模糊的、抽象的。而缺乏细节的结果，是触觉的萎缩，读者只能被动地追随作者的思维，直至作者的思维表达完成。整个传播过程是单向的，受众对超现实空间的体验是低清晰度的。

电视媒介通过活动的真实影像、声音给人以现场感和冲击力，可以想象，从纯文字媒介首次转入接触电视媒介的受众被"震慑"的程度是难以用笔墨形容的。但随着电视的普及，这种新鲜感逐渐消磨殆尽。而且由于电视媒体本身特性的制约，其媒体内容侧重于客观真实的反映，这使电视媒介陷入了现实主义的泥潭，构建超现实主义空间不是电视媒介的特长。即使出现（如神话主题的动画片或科幻连续剧），受众也对此缺乏触觉感受，因为这类内容提供的图像"真实"和生活"真实"有着极大的差距，而受众无法与这种图像真实产生感性的互动接触（即体验），其真实性显得非常"可疑"。电影媒介的情形亦类似。

以泛媒介的观点来看，艺术作品也属于视觉媒介，包括抽象画、雕塑、装置、行为艺术、超现实主义电影、戏剧等，其中有些具有触觉特征如雕塑、装置，但它们都不是"大众"媒介，而是小众化的专业媒介。

电子游戏则具备互动、图像的特征，但处于屏幕局限之中无法给人以仿真体验。只有虚拟现实之下的电子游戏才是人类"参与"具有丰富细节的超现实世界最为逼真的途径，其他大众传播媒介尚无法提供这样的一个信息环境。

虚拟现实电子游戏的影响

虚拟现实在电影和电视领域的融合，在当前只是一种设想；而融入电子游戏行业，是虚拟现实技术当前正在变为消费品的几乎唯一现实并正在进行中的方向。电子游戏本身的特性即营造想象空间，这和虚拟现实的本质相同；加之电子游戏内容制作方式的纯数字化，都非常契合虚拟现实。电子游戏成为虚拟现实领域消费级应用的突破口，并非偶然。电子游戏作为娱乐经济的一种，其发展速度是非常迅猛的。据统计，2013 年全球电玩市场规模达

930 亿美元，预计将在 2015 年攀升至 1110 亿美元 ①。据市场调查公司 IHS Technology 指出，这一数字甚至超过了电影产业（620亿美元）和音乐产业（180 亿美元）的总和，游戏已经成为全球规模最大的娱乐市场 ②。可见，游戏作为人类的本能之一，在生产力得到极大解放后，会成为人们业余生活的重要组成部分，甚至形成沉溺或上瘾症状。由此催生的巨大市场，无疑会给人们的娱乐行为和日常生活带来非同小可的变化，对电子游戏行业本身也具有革命性的一面。

1. 游戏用户更多，游戏时间更长、频率更高

从游戏形式发展来看，从简单游戏向复杂游戏演变，反映了人类生物性的追求，即快感、刺激和兴奋等生理欲望的潜在诱惑，人类不可抑制的本能。简单的游戏形式，例如石头剪刀布，到稍微复杂的形式，如象棋，再到电子游戏，其使人获得的兴奋程度不断提高。这一方面归因于电子游戏形式的自由度更大，游戏者可以更主动地探索游戏空间；另一方面由于电子游戏需要游戏者的高度参与和卷入，注意力必须十分集中方可顺利进行。高度自由和深度参与构成了游戏更刺激的基础，自由空间引发游戏者的好奇心和探索行为，这无形中增加了游戏者的游戏时间；深度参

---

① 中化新网：《全球电子游戏市场 2015 破千亿美元》，http://www.ccin.com.cn/ccin/news/2013/11/06/280051.shtml，2013–11–06。

② 9k9k 开服网：《2015 年全球游戏产业规模 920 亿美元超电影、音乐市场总和》，http://www.9k9k.com/chanyesj/12288.html，2015–06–15。

与可以营造出更贴近游戏者心理的氛围环境，游戏者的手、眼、脑等器官必须在高度紧张的游戏环境下协调、同步。而游戏内容的多样化又促进了这一事实。例如模拟人体动作格斗游戏，战略游戏，角色扮演游戏，复杂多样的游戏形式在不同层面刺激人的生物性，获得超过其他游戏形式的体验。在非电子游戏中也存在激烈的形式如体育比赛，但其形式和规则的单一化，和电子游戏的多样化不可同日而论。因此推理可知，游戏给人的体验的刺激程度与人游戏成瘾的可能性成正比，一个简单游戏不容易使人上瘾，因为它带给人的生理反应不如其他复杂形式的游戏，从生物性上而言，就是简单游戏带给人的人体分泌的刺激人兴奋的复杂生化物质（如多巴胺）数量不如复杂游戏。如果理解了这一点，再看虚拟现实可能带给游戏人群的变化，就容易明了问题的实质。虚拟现实无疑是整合了前述所有核心刺激手段的工具，虚拟现实的特征又容易和电子游戏"无缝"结合，这种强大的潜在的刺激能力，对游戏者而言，必然是超越之前所有游戏体验的娱乐媒介。这种游戏体验，恐怕仅次于具有危险性的非法行为（例如吸毒）。众所周知，吸毒者之所以成瘾，在于吸毒后的体验，以及戒毒后的生理痛苦。虚拟现实电子游戏既然能带给用户如此强烈的游戏体验，则必然导致游戏用户数量增多、游戏时间更长、频率更高。对于电子游戏行业而言，将带来更大的市场规模、更高的收入。

2.虚拟现实电子游戏：虚拟生存的起源

我们所说的虚拟生存，必须依赖于一个依赖现实的物质基础、又存在于现实之外的环境，这个环境的技术内涵为电子信息环境，其由软硬件两方面构成。这个环境的规则由人制定，由电脑执行。这个环境的外在形式和内在规则可能有某些部分与现实相同，也可能完全不同，这由构建这一环境的人以及相应的目标所制约。例如一个虚拟现实环境的目标仅仅是供人消遣，那么在其制作者看来，任何和现实世界的交互功能都是不必要的，只需要在虚拟世界中提供足以令人愉快或沉溺的事物即可；换一个情况，某个虚拟现实环境不是为了消遣而存在，例如某个模拟海底环境，是为了遥控机器人打捞现实世界中的沉船，提供一个直观的操作界面，那么这个虚拟现实环境则是与现实世界互动的。我们说的电子游戏，很显然是属于消遣和娱乐性质的前者，但这恰恰是我们虚拟生存的最初目的，这与人类的生存意义不谋而合。电子游戏的最终意义是娱乐和消遣，人类生活虽然有大量的劳动，但劳动是出于生存的必须任务，并非人们本质的需要，探究人类生存的价值，通过游戏和娱乐这种不具实用意义的、神性的行为才能实现。在人类的幻想世界中，只有"神"是不用劳动的，不需吃喝拉撒的生理过程来维持生命，并具有超能力和最大的自由度，可以控制他人的生死；而与此相对的人物角色是奴隶。奴隶的生命甚至不属于他们自己，他们存在的唯一价值就是劳动。可见，在

273

人类的潜意识里，劳动是不得不为，而非心甘情愿。只有不需劳动，才是真正的生活。只不过在有限的物质世界里，免除劳动义务而生存只能是个别人的特权，而不可能上升为社会整体。马克思主义的基本观点，则更是强调了劳动在人类社会中的核心意义。但仅从电子游戏给人提供的环境来看，这种劳动行为改变为具有较高代偿性质和趣味性的游戏行为。例如在网络游戏中，人物为了"升级"而"打怪"，为了购买装备而"挖矿"等等设定，貌似劳动过程循环，但其实人为缩短了人类劳动和收获之间的时间成本和精力成本。我们在游戏中"劳动"的结果很快能得到反馈，而只需付出手指和大脑的愉快互动即可，既具有一定的挑战性，又人人可以做到。而当虚拟现实加入到这一环境中，一个新的时空仿佛向我们敞开。

电子游戏的纯数字、纯娱乐特性，决定了这是虚拟现实最早进入我们日常生活的方式。但这种纯数字、纯娱乐性，又限制了虚拟现实在我们生活中发挥作用的形式。或者说，仅仅是电子游戏，还远远不能代表虚拟现实；仅仅是电子游戏，还不足以发挥虚拟现实的革命性功能；而缺少了电子游戏，又将使虚拟现实的魅力消失大半。这是由于，电子游戏的形态，其实是未来更完善的虚拟生存的初级萌芽、虚拟生存的起源。如果我们只把虚拟现实视为一个"工具"性质的发明，那虚拟现实的作用可能与蒸汽机、电力和电脑的工业革命性质类似；但与其他工业革命的代表器物所不同，虚拟现实构建的社会网络具有非实在性。蒸汽机、电力机组和电脑构建的网络分别代表着交通工具、能源和人际关系在现实社会中的互动，其本身并没有脱离现实社会的规则范畴，它们组成的网络是客观事物的网络；虚拟现实则构建的是"新的现实"，其网络联结的是想象事物。这个新的现实就是将人的幻想通过电子游戏的空间构建方式（非现实的、具有与现实社会规则迥异、充满想象事物的世界）呈现并使其实体化、可互动化。

所谓生存，其内涵比娱乐要广，更重要的是两个方面，一是对客观世界的影响和改变。电子游戏中只能对电子游戏搭建的世界进行影响，但游戏者对客观世界是无力改变的，电子游戏程序规定了所有的互动行为只在虚拟的电子空间中发生并形成结果。但当我们谈到生存，则必然涉及对现实世界的改造。虚拟现实生存实则包涵了人类可以通过虚拟现实世界对客观现实世界施加影响这一重要因素。二是人际间的社会交往。电子游戏中人机互动是主要成分，但也有人际互动，尤其在网络游戏中，人际互动也是一个重要的组成部分。人际互动的好处是，使得游戏者在虚拟世界中获得更为接近真实的情感。虽然人工智能可能也逐渐会实现部分人际交流的功能，但毕竟取代不了人际交往的最终意义——"现实交往"。虚拟现实游戏中的人际交往仅限于游戏本身，因为其无力参与现实改造；而虚拟现实生存中的人际交往则不可避免的牵涉现实交往，因为生存本身不是游戏，而游戏只是生存的一方面。一旦涉及现实影响，那么虚拟生存中的人际交往必然更为小心谨慎、人们在其中的行为更接近于现实世界的行为。而电子游戏中的人际交往，由于其匿名性，可能无法反映游戏者的真实性格、身份。因此，生存不仅仅是游戏，但最终是为了游戏所赋予人的正面意义（自由、幻想、主动、胜利）。这些可以通过游戏实现的意义，在虚拟现实之下，被赋予了更多期待，其中之一就是替代人的生存，取代人的日常生活。这个议题在人的生物性不可避免的前提下，其实现还不得充分。因为人的生物性意味着人无法与现实中的其他人割裂，尤其是血缘关系以及为了维持生物体生存的各种人际的、社会的交往互动。血缘关系的生物性决定了人无法避免地受制于他人。只有人的生物性逐步削减，才能达到完全独立的个体，和完全的虚拟现实生存。电子游戏在现阶段，可以视为是虚拟现实生存的起源；电子游戏只是虚拟生存的雏形，但电子游戏又为虚拟生存的世界提供了无限想象的可能。

　　虚拟生存的形式的丰富性要远远多于现实生存，在虚拟现实中，人可以实现各种在现实中无法实现的行为和目标，同时可以影响现实、改造世界，跨越梦想和现实的界限。

伦理：人与机器的关系

凯瑟琳·理查德森（Kathleen Richardson）是德蒙福特大学（De Montfort University）的机器人伦理学家，也是"反对性爱机器人"（Campaign Against Sex Robots）运动的领导者之一。她认为，人如果与机器人发生性关系是不符合人类伦理的，因为首先这是买春行为的变形和在机器上的延续；其次性爱机器人与我们伦理观念中可接受的不具备与人互动能力的性爱玩偶不一样；最后这可能增加某些社会对女性和儿童的性剥削侵害程度 [①]。而性爱机器人开发商则热衷于将其产业化，并认为性爱机器人对于改善那些性生活质量不高的人的状态十分有益。2015 年 11 月，马来西亚召开第二届"机器人与性爱国际研讨大会"，对其中的伦理道德问题进行意见交流，表明人与机器的关系（包含但不限于性爱关系）已经成为具有一定前瞻性但十分严肃的话题 [②]。

---

① 云开：《"性爱机器人"激辩：研发是否符合伦理？》，http://tech.qq.com/a/20150926/009543.htm，2015-09-26。

② 网易科技：《争议性爱机器人 专家看好前景》，http://tech.163.com/15/1001/09/B4R5PMBV000915BD.html#p=APG5QKQQ0AI20009，2015-10-01。

要强调的是，就人与机器的关系而言，机器在此处的语境表示的是具有人工智能的机器（就性爱机器人而言，大部分应为人形）。拓宽到其他伦理领域，机器人的外形特征可能没有固定模式，但人工智能是其核心，只有具备人工智能的机器人（无论其外形如何），人类才可能与其发生社会交往，形成各类社会关系，包括上述性的关系，这是一个技术前提，是诸如"反对性爱机器人"这样的行动所默认的前提。假如不存在人工智能，那就仅仅是人与物的关系而已。人与机器的关系作为一个伦理问题被讨论，正是因为人工智能在机器里的地位，具备人工智能的机器已经被视作"人"或"类似于人"这样的对象来对待，这对于人类而言是一个新的现象，需要人类加以讨论来明确其伦理界限。

所谓社会关系，是人们在共同的物质和精神活动过程中所结成的相互关系的总称，即人与人之间的一切关系。人与物之间不存在伦理问题，因为物的无意识，导致物不能与人进行交往，无法形成社会关系，即使一件事物具备某些互动特征，比如一个音乐盒上带有一个可以控制音乐播放的开关，它也只是一个工具，无法与人进行意识互动。虽然我们社会中有"恋物癖"的行为，迷恋非生命物体，以此作为刺激物唤起性幻想和性冲动，如新闻曾报道的"美国女子爱上过山车"[①] 等，对于非生命体的迷恋，不过是心理疾病的一种，还不能作为伦理关系来讨论。人工智能

---

① 新浪：《美国女子爱上过山车 每晚与过山车一起睡觉》，http://news.sina.com.cn/w/2015-01-16/142631408533.shtml，2015-01-16。

具有与人互动的能力，这决定了具备人工智能的机器可以与人进行社会关系发展（虽然这种社会关系是简单的程序规定，而且是模拟人的感情逻辑），这种人与人工智能之间的社会关系，或称之为"情感"，确实是一种可以由伦理法则介入的领域。

人工智能被当作"人"或接近于人的事物，获得了伦理上的某些意义。从图灵测试这个最早也是最被广泛认可的鉴定人工智能的方法论的角度来看，人工智能本身的定义就是基于能否"欺骗"人使人无法识别其人工智能的身份而言的。人工智能既然能骗过人类，那么人类就有可能向人工智能投入真实情感。当一个正常的人向人工智能投入情感后，当事人不会将人工智能视为"物"；同时在旁观者的角度来看，人与物之间的感情是怪异的，只有人人之间的情感才是正常的；为了探索和阐述这种关系，我们不得不将人工智能与人的互动归类为社会关系的一种，我们必须研究人工智能的情感模式和行为模式。

此外，人工智能如果可以实施改变客观世界的行为（借助容器、网络等），其与人类的情感可能转化为活动，从而能够影响到人类社会的其他现实层面。这样一来，我们面对的是一种可以影响现实的心理活动和意识，将其划分为"真实情感"的合理性又更进一步。虚拟现实影响客观世界的方式，是通过人的意识或人工智能的意识、借助工具（网络、现实事物）来实现——首先需要有影响现实的动力或意愿，这个动力来源于意识，意识则受到社会交往和社会关系的作用；其次需要有影响现实的能力和手段，即与现实的工具性接口。作为一个生物人，人的意识和躯体构成了一个最直接的系统，可以让意识作用于躯体、四肢而在其能力范围内改变部分外在环境，包括物质的和社会关系的等等。而虚拟现实中的人工智能，其意愿和能力都可以实现这两种目标。拿当前的工业机器人为例，虽然它们在程序的限制和规定下完成的只是流水线上的固定重复工作，我们也可以将其程序驱动视为"意愿"；将其工作运动视为"能力"，它们可以改变物质世界（的一小部分）。工业机器人唯一缺乏的是与现实人类、与其他机器人之间的学习和交流，即意识部分。换言之，一旦在程序中植入学习和意识以及情感模块，同时开放人机互动接口或网络接口，人工智能的情感、意识都可以自主习得。唯一的疑问是，这种基于模块式自主习得的情感与人类的情感可能有所不同，其反映的是作为人工智能的物质基础和立场。

虚拟现实的表现形式对伦理的影响

就伦理一词而言，广义的伦理并不仅仅是制约具有血缘关系的人之间的行为，且包括了所有社会人际关系之间的道德标准。狭义的伦理则将这种规范局限于具有亲属关系的人群之间。反伦理是违反大多数人的感观和道德概念的行为，在不同的历史、国家和地区有着变迁的轨迹，在不同的社群和文化中存在不同甚至是矛盾的表现。例如仍存在于云南和四川的少数民族摩梭人的"走婚"习俗，其表现为一种夜合晨离的婚姻，男方只在晚上到女方家居住，白天仍在各自家中生活与劳动；一到夜晚，男子会用独特的暗号敲开女子的房门；走婚的男女，一旦发生感情转淡或性格不合，可以随时切断关系，因此感情自由度较高。这种习俗在现代生活中不符合大多数人的伦理观点，但在文化保存和民族尊重的前提下得到宽容和理解。在不同的语境下，也存在不同的伦理宽容度。又例如在网络语言中，语言暴力的泛滥使得调侃甚至低烈度的人身攻击都可以被视为"正常"，一旦有人因此发生剧烈的反弹，反而会被视为过度反应。这种网络中的相对宽容语言暴力的现象实际是一种人们对网络语境的自我适应。在虚拟现实当中，人工智能的介入对社会交往现象起到了推动作用，新的人际关系出现，新的伦理问题产生。

现实生活中的人际交往基于身份、地位、外貌等因素，使交往的人之间产生不同的感受，这种感受成为人际印象，决定了人际关系的发展。虚拟现实中最大的问题是人与人之间交往不再以现实中的形象出现，这使得虚拟形象成为人际交往的判断依据。人在现实生活和虚拟现实中的形象可以差异巨大，也可以完全不同，这使得虚拟现实中的交往产生了更为虚拟的情景，产生更为超现实的关系。现实中的人的关系来源于社会交往，包括血缘、劳动、社交、休闲等活动引发的与他人的互动行为，借助语言、文字、体态等多种方式进行，在这个过程中，现实人所拥有的形象（包括外貌、服饰、身份、政治经济地位、性格等）综合影响着交往双方的相互印象，随着交往时间、次数的增加，这种相互印象发展为较为固定的印象，两者的关系也就进一步发展，发展的方向受到各种要素和事件改变的冲击而呈现出一定的不可预见性。

首先，虚拟现实中，人的关系来源于虚拟社会关系的交往。基于血缘的关系、基于生产、雇佣和劳动交换的关系在虚拟现实中减少了（但不是完全消失）；随着虚拟现实和客观现实的融合完善，基于血缘的关系和基于劳动的关系还将逐渐增加。只有在虚拟现实发展到能极大地影响现实时，现实的血缘、劳动关系才能更深入地渗透到虚拟现实中。生产关系产生的伦理如劳动伦理问题不占虚拟现实伦理的主要范畴，劳动伦理包括使用童工、血汗工厂、同工不同酬、违劳动法等等，这些层面的问题在技术上与人体的生物性相关，在虚拟现实中建立的劳动关系，除非是仅仅借助虚拟现实的工具，而非匿名社会关系之下，才会发生劳动伦理问题——即现实劳动关系借助虚拟现实技术之下，这实质上仍然是现实社会所调节的劳动伦理——只有采取虚拟现实身份进行的生产关系，才产生虚拟现实劳动伦理问题。虚拟现实中个体的生物性被消除或忽略，因此上述现实中的劳动伦理不会出现在虚拟现实中，换言之，虚拟现实中不存在劳动伦理问题，这由虚拟现实的表现形式决定。虚拟现实中的生产关系，仅限于以虚拟现实形象为准则之下的劳动力交往行为、雇佣关系并排除双方的现实关系。这是本文的一个前提条件，目的是为了区分虚拟现实中的伦理和现实中的伦理而作出的人为规定。在这个前提下，虚拟现实的雇佣关系变得简单，因为其排除了生物性的影响。即使虚拟现实重复了现实的身份而产生伦理问题，也只能归类为现实的伦理调整范畴。虚拟现实的生产关系排除了生物性的限定，使得客观现实中的很多伦理问题在虚拟现实中不再成为违反道德和法律的事务，例如前述的童工问题。有部分问题，例如同工不同酬，由于与生物性不相干，其性质仍然是违反劳动伦理的，但虚拟现实中缺乏相关制约因素例如法律和强制机关，这种违反伦理不能通过行政手段和法律来调节，同时这种雇佣关系更多是临时的、基于双方合意基础上的松散合作，只能通过市场规则来影响双方、制约违反伦理行为的出现，例如网络购物中的购物者反馈，就是一种市场的、民意的手段。

其次，大部分虚拟现实关系呈现为休闲、娱乐和感情目的之上建立的关系。虚拟现实构筑的世界，其性质迎合人类的想象空间并将想象具体化，这种具体化在其初级阶段并不与现实世界相联结，缺乏影响现实的渠道，与人的物质生活联系还不密切，却十分适合用于满足人的精神生活。文学、艺术、影视、游戏等在虚拟现实中都有了更贴近现实的呈现方式，一种新的、以触觉为媒介的精神消费行为得以流行。这种新的行为趋势，可以与电影、互联网出现相媲美，对人类的精神层面产生重大影响，并形成一种风潮。回顾电视、电影和互联网出现的过程我们可以发现，能快速流行的新的媒介形式，无一不与人的精神消费密切关联，主要是信息和娱乐消费，都是推动媒介迅速普及的核心需求。精神需求具有与物质需求相异之处，其脱离物质世界的形式，而注重与想象世界相连。在这种需求之下，借助可以轻易构筑具体想象空间的特征，精神需求在虚拟现实中可以得到最大化满足，这种满足甚至超越了基本的物质需要。故虚拟现实超越物质世界，成为人们休闲、娱乐和感情的重要领域也就不足为奇了。

第三，虚拟现实的社会交往关系与客观世界的社会交往既有联系，也有区别。虚拟现实的社会交往基于交往主体的匿名性，其关系的深化取决于意识和精神的相互吸引性；客观世界的社会交往基于交往双方的公开身份，关系的深化既取决于意识和精神层面的互相吸引，也取决于双方基于生产关系和血缘关系形成的不可抗力等基础。虚拟现实的关系更具有私密性特征，它使得交往双方对精神的互相抚慰和吸引超过一般的现实交往，可以快速且深入地发展，也可以迅速地终结，不稳定状态是其重要特点。在社交伦理看来，这种快速地筛选交往对象、又能快速地深入发展或中断双方关系的模式，明显不符合客观世界的主流价值观。在客观世界中，由于人的生物性唯一、人的血缘关系固定、雇佣关系相对稳定、社交网络以物理空间为单位、人际传播成本更高，这些因素使得人们在现实世界中发展社交网络时更为严肃而谨慎。从生物意义上看，现实世界中的人际交往所持有的态度是一种自我保护（基于生物体的不可再生特性），因为不谨慎的人际关系存在对人的情感造成压力之风险，即就人的生物性而言，会导致神经系统的紧张、内分泌的失调等一系列负面影响；极端时甚至造成人身冲突和人身伤害。在物理现实世界中生存的人类在潜意识中的自我保护都根源于生物性的不可再生，这种特性使得人们在现实中选择交往关系对象时具有谨慎性。在虚拟现实中，个体不再具有生物性，而是具有电子数据特性，是可以再生、变换、复制而存在的，安全性问题得到根本解决，不谨慎的关系不会给虚拟现实个体带来太大的冲击。在这种环境下的人际交往便不再以安全性为首选项，人内在的"快乐原则"、繁殖和繁衍冲动、好奇心成为发展人际关系的原则，快速试错、"合则来，不合则去"成为交际手段，目的是寻找理想的人际交往对象，并赋予自身最大的快乐和自由。

感情和性：人和人工智能之间的纠结

2015 年的好莱坞科幻电影《机械姬》（Ex Machina），描写了一个人与人工智能的故事，其中涉及了作为男主角的人与作为女主角的机器人（人工智能）之间的感情和性。导演兼编剧亚历克斯·嘉兰（Alex Garland）表示他相信影片所呈现的科幻情节将很快出现在我们的现实当中。电影中的人工智能女性，具有与人类完全一样的外在，且具有一定的思考能力和主观意识，在影片中作为验证"图灵测试"而存在，吸引着男主角沉迷于与她的关系中，而结局却是一个意外。导演并未做出任何论断或将观点直

286

接告诉观众，而是通过两条始终存在的、不言自明的线索来令观众思考：一是人工智能的情感是否真实？二是人工智能与人的爱情与性关系是否令人不适？即使观众一开始便会隐隐地觉察到剧情的走向，但仍然陷入这两个迷思之中。电影艺术作为现实的反映，在本片中体现的是人类的焦虑：技术上，明知人工智能即将融入人类社会，却不知道其对人类的影响（尤其是负面影响）有多大；伦理上，人工智能与人类的关系（性与感情）对我们的现实将会带来何种冲击，这种冲击最终如何影响到文化、价值观和法律等客观世界的各个层面？这些都属于对整体人类社会的走向有着重大影响的问题。

人工智能的本质是人类创建的一套逻辑思维，以程序化为核心，具有自主学习能力和模糊处理能力。情感是人类基于血缘关系，以及非物质利益为前提的互相吸引或排斥之下，产生的复杂心理活动，其物质基础是大脑等生物性组织器官在意识作用之下产生不同的内部分泌物质，给予神经系统不同的刺激而产生的感应。所以，严格来讲，情感是生物体人类才可能具备的，缺乏人这个生物体，则无法体验到人类的情感。人工智能的情感则更多的是一种逻辑，而非情绪。因为人工智能的物质基础是机械、电子和数据，是理性和规范的产物，无法产生如同人类那样的感性因素。但是人工智能能在感情上骗过人类，令人类认为其具有情感，我们可以称之为"虚拟情感"。人工智能情感之根本是迎合人类、配合人类或为达到人工智能本身的其他目的而采取的一种策略，即利益性。虚拟情感可能令人感到自然、感动，表面上看来与人类的情感并无二致；但实际上虚拟情感并不能与人类情感等同，它最终是人工智能的策略的一部分。而且人工智能的目标可能随着其自主学习的发展变化，从而导致其对人类的虚拟情感策略也发生变化。从这点判断，人工智能的情感不能说是"真实"的；但站在人类角度，人可以获得与真实情感一样的心理结果（前提是人不知道对方的"非人"身份或完全认为人工智能具有与人一样的感情）；同时，我们可以考虑扩展情感的定义，将人工智能情感作为情感的一类，人工智能的情感虽然是一种逻辑思维的结果，但从他人体会的角度是真实的，从这些层面重新考虑的话，似乎说人工智能具有新型的情感能力也不为过。

从人类情感的角度看，以上属于伦理问题的一个方面——真情或假意。普通人价值观中必然认为"假意"是坏的，正如成语所说"虚情假意"，表达了人们对伪装的情感的反感，尤其是我们将怀有特定目的而表现出非真实情感来获取利益者称为"骗子"，可见人类伦理中对之鲜明的否定。但是正规渠道生产的人工智能会在编程核心中将保护人类利益、不伤害人的原则放在最高位置，人工智能的根本目的被约定为服务于人类，则其虚拟情感在某些方面又可以具备一定的效用，如特殊精神问题的心理安慰、劝导等，这种情况下，人工智能的情感又具有正面的现实意义。此外，人类的感情的程式化也是一种解决方案。通过一定的逻辑将人类感情的形成过程数字化，例如人类对他人的好感的产生，原因之一是他人的行为有利于自身，这种"有利"可以分解为对其生物性的有利或情感的抚慰等刺激因素。对于编程语言来说，只需确定他人的行为是否能够促进人工智能的目标，即可将好感度提升。相应地，在人工智能处理不同好感度的对象事件时，也会给予不同的优先等级。总之，人类的情感也是有一定规律的，可以程序化模拟的。这就使得人工智能也可以学习到人类的情感逻辑，从而表现出符合人类需求的、在人类预想范围之内的感情反应和行为模式。

综上而言，人工智能的情感具有两个重要的约束性前提：一是地位，二是目的。前者是指人工智能是否被赋予了某些基本边界，如不得伤害人 / 附加感情程序等原则，这些边界原则实则上将人工智能降格为人的附属品，某种意义上类似于"奴隶"或"父子"的关系，不能获得与人完全相同的社会地位。后者则是人工智能能否发展出独特的感情目标，正如人的爱情在生物角度来看，是以繁衍或快乐为目标的；而亲情是以维护群体生活、增加自身安全性为目标的；其他的感情则各有其生物目的，这些目的都于人的生物行相关。但是人工智能不具备生物性的特征，使得我们无法判断人工智能的感情是一种异于人类感情的独特的存在方式，抑或是根本没有与人类对等的感情，只会模拟感情，还是随着时间的推移，人工智能也可以建立自己的社会，从而发展出自己的感情逻辑。将地位和目的二者联系起来看，人工智能在尚未独立于人的阶段，不太可能建立以人工智能为主的网络社会形式，

289

也就不太可能发展出独特的感情模式。

　　人工智能的身份与人不同，在以人的角度看待人与人工智能的性关系前，首先要确定人工智能在人类社会中的地位。人工智能起源于人，但并不完全从属于人，核心问题在于人工智能的自我意识和主观能动性。这里存在三种可能：第一，如果仅将人工智能视为非独立的个体，那么人与人工智能的关系，包括感情和性的关系，都可以归属为人与物的关系，即人工智能是物品，人与人工智能是所有者和权益的关系，这种关系只受到人类社会物权法的约束。其理由在于人工智能的意识来源于人的编程，虽然其具有学习能力，但人的编程会事先规定某些不可突破的界限，人和人工智能之间有不可逾越的鸿沟。这意味着人可以任意处置其所拥有的人工智能实体，不会涉及任何伦理问题。第二，认可人工智能的独立性，类似于人与其后代的关系，即源自人，受人影响，又脱离人而独立生存。这种认可实际上已经给予人工智能一个与人平等的地位，即人工智能也是人或类人，而非人类的附属品。这一观点的依据是人工智能的意识具有主观能动性，可以独立地改造现实。在这种情况下，人工智能可以被作为具有完全行为能力的个体，包括其感情和性也应得到相应的平等地位。即人工智能具有自主的感情和性能力，至少在人工智能之间的感情和性是被允许的。对于人和人工智能之间的感情和性，则较为复杂。其可被视为一种新型的感情和性关系的诞生。这种新型的感情和性关系能否得到社会的认可，正如同性恋在当前社会中的性质一样，存在多元化的观点。第三，将人工智能的身份视为介于前两者之间的一种新型个体，以全新的观点来看待人与人工智能之间的感情和性。在这一前提下，人类很可能通过技术手段保障人工智能的某种底线，避免其逾越人类的伦理范畴。例如禁止在人工智能中植入模拟情感的程序；立法禁止开发、销售具有性爱功能的人工智能机器。在无法承认人工智能与人类的平等关系之前，我们不可能用人类的法律来调节人与人工智能的关系，而只能为其开辟新的治理领域。人与人工智能的感情和性关系，只能是在特殊领域如医学保健等方面的应用，方可与人类伦理观念不发生冲突。

最终，感情与性作为生物性的人类的原动力之一，在消除了生物性的人身上、在人工智能身上不再显得那么重要。弗洛伊德心理学之源泉"快乐"和"性"将呈现为另外一种表现形式。人类行动的原动力将多元化、泛化。消除了生物性的人，实质上可以视同为人工智能的最高层次，即完全的人。因为从技术上说，人如果可以脱离生物体生存，那一定是数字化、程序化的电子和机械生存，人工智能的实质就是数字化的人，两者的区别只在于数字化的过程和复杂程度上。人工智能与人类的完全等同，标志着人与人工智能的感情和性不再存在伦理疑云。真正到达这一阶段之后，人类的生存形态、生存目标都将发生天翻地覆的革命性变化，但在到达这一阶段之前，无疑还有很长的路要走。

让我们回到本章开头，"反对性爱机器人"运动作为当前人

291

类对人工智能的认识的一种反映，基于的正是初级阶段的人工智能——具有与人互动的能力、但还不具备自主意识、功能单一或有限的、以服务于人类生活的某一方面为目标的机器人。这种性质的机器人仍然是一种"从属物"，而非获得与人类对等地位的主体，其所具备的与人互动的能力也仅仅是简单的能力，还不能认为其具有"主观能动性"，更不具备改造客观世界的能力。因此，当前阶段的人与人工智能之间的性爱，准确地说是只有"性"而没有"爱"的一种单向度的生理欲望满足行为。但不能否认的是，"反对性爱机器人"的人士所担忧的正是未来人工智能与人类交往中可能出现的违背人类伦理认识的状况。他们的根本错误在于，以当前的人工智能技术所制造出的机器人，只具备极为有限的与人互动的能力，而这种互动能力还远远无法赋予机器人自主意识和独立身份，也就无法获得与人相同的伦理权力。

血缘关系的变迁

人类当今的社会结构，很大程度上受到人的血缘关系影响。血缘体现了生物性中最核心的一环即种族繁衍的重要性，也同时体现了人类社会性中群居关系的起源。血缘关系作为不可挑选、不可回避的与他人关系的基础属性，决定了人类在社会行为中的大部分伦理规则。从生物性上看，人类必须采取群居的生活方式，一方面是为了进行合作来提高自然生存能力；二是进行人际交往和精神生活的必须。群居行为的根本依据从自然属性上说，必然是血缘决定论。许多群居动物包括人类在内，其繁衍的幼小后代在一段时间内都无法独立生存，必须依赖于父母辈的哺育和照料，加之群居所带来的狩猎、采食等活动的优势，这就形成了多个具有血缘关系的个体的集体生活。个体根据血缘关系来确定自身在群体中的地位，包括等级和服从、责任和义务等；这种地位随着种族个体寿命的交替、相互竞争结果而发展变化。在这个动态过程中，个体之间不时地出现冲突，严重的冲突甚至表现为威胁群体生存的对立，针对不同的具体事务，必须有多数人认同的观念标准，以此为准对个体和团体进行调节，因此道德观念和伦理逐步形成了。道德观念和伦理准则具体而言就是对生活中诸多特定事务的标准化，这种标准合乎大部分个体的行为，也具有调和矛盾、消灭冲突的功能，随着时间推移和经验积累，行为准则成为了道德标准和伦理标准。因此，可以说血缘是群居的起源，而群居又必然产生伦理冲突，为了维护集体利益，道德观念逐步在实践中形成并固化。血缘关系中最为重要的、核心的关系即父母和子女的直系血亲关系。以直系血亲为核心展开、交融的人际关系形成了族群的社会网络。那么，在纯粹的虚拟现实和人工智能的环境下，最根本的"血脉"已经消亡或其意义已经改变、淡化；其对伦理的影响具有颠覆性。

血缘关系基于人的生物性界定，生物性消失后，血缘关系即消失，在虚拟现实中的个体和人工智能都不具备生物性，因此传统的血缘关系不存在。父子、母子这样基于生物繁殖的现实关系，在虚拟现实中只能用生产和复制来对比。生产和复制和繁殖的区别在于前者的稳定性，低风险和大规模，后者则更复杂，不确定风险更高。这对于伦理的冲击在于生物繁衍风险带来的生育成本被削减，父母代对子女代的代际感情同时被削弱，理由很简单：虚拟现实的制作过程可以大规模实现繁衍功能，也不会带来任何风险，所需时间也大大缩减，综合起来就是——生物繁殖中代际感情所存在的基础已经不复存在。传统的伦理问题约束的首先是血亲关系，血亲关系之所以能对个体形成制约，根本原因在于代际感情的投入，这种投入通过抚养等行为确立。伦理属于道德范畴，不具备强制性，其惩罚手段体现为社会压力和自省压力，之所以伦理能够被认可，与血缘关系和抚养成本不可分割。在虚拟现实中弱化的父母子女关系（生产关系）必然不能适应现实的伦理制约。但是，作为虚拟生存个体，其人的本质并没有发生变化，也不能用"非人"的观点来看待虚拟现实下的血缘关系。虚拟现实生存中，人与人之间的关系应当用一种新的伦理角度来处理。传统的伦理规则有部分依然适用；也有不再适用的规则和调整后适用的规则。以最基本的父母／子女血缘为例，虚拟现实中的血缘关系可以分为下列几类：

1. 父辈和后代均来自生物个体

父辈和后代的血缘关系在虚拟现实中得到继承。此类虚拟现实关系直接反映现实伦理，以现实世界的道德观为准绳。这种情况下，双方的现实生存和虚拟现实生存各占一定比例，即双方都处于不完全虚拟生存之下。今天的网络世界和赛博空间，可以视为类似的案例。我们在虚拟世界中的伦理，很大程度上受现实伦理观的评价影响。

2. 父辈来自生物个体

父辈来自生物个体，其后代来自父辈的"繁殖式生产"，则后代在一定程度上依然需要依赖父辈提供的资源直至其个体完全独立。父辈与其后代的关系受到父辈投入的感情成本和资源成本的制约。同时，虚拟现实的后代的学习过程大大短于现实世界的后代，其受到父辈抚育的时间短暂，对父辈的感情依赖性也较生物人类为弱。综上，薄弱的现实世界伦理是对其最好的阐述。这对后代而言，一个生物个体的父辈仅仅是提供了生存基础，现实中的伦理如抚养、赡养等可能并不完全适用，而且根据虚拟现实背景中社会法律的具体情况有很大不同。比如，对虚拟个体的地位的认可程度（是否等同于人）决定了是否存在类似现实世界中"遗弃罪"这样的罪名。

3. 父辈和后代均来自虚拟个体

父辈和后代均来自虚拟个体意味着完全的虚拟化生存，二者的关系基本脱离了现实的伦理关系。但名义上仍然为"父母/子女"

关系。这种情况中双方的关系达到了一个新的伦理制度层面。虚拟个体之间的地位是相等的，两者之间的意义在于是否存在"抚养"和"感情"的现实约束。假如仅仅存在"制作"和"生产"这样的物质基础，那么，现实的伦理观点可能不适用于这种情形；但现实的父母/子女关系又在一定意义上决定了双方的法律地位，包括遗产继承等一般情况，这里面也必定存在责任和义务的制约。

4. 后代来自生物个体

从技术上说，这种可能性是存在的，但看不到其伦理上的必要性。一个虚拟个体，没有特别的理由去特地繁殖一个生物后代。我们可以将自身的生物学特征数字化，自然也可以通过逆向工程的方式，使数字生存个体返回生物容器。假如这种情况发生，很大程度上可以说双方的血缘关系依然是成立的，因其个体的生物特性使然导致其伦理的依据也可以借用客观现实中的血亲关系。

以上的几种关系在从现实生存过渡到半虚拟生存、再到完全虚拟生存的过程中必然发生，其发生的频率和概率，可作为人类客观现实世界向虚拟现实世界过渡的参考。人类世界加速向虚拟现实世界融合，则必然发生这几种血缘关系，同时由于虚拟生存的可选择性，社会的多元化导致在虚拟现实和客观现实之间的关系也存在多元化。社会关系网络中存在着纯粹虚拟生存个体、半虚拟生存个体和现实生存个体等多种情形。这就涉及非血缘关系的新的人际交往伦理了。

新的人际关系

除却血缘带来的伦理关系，非血缘关系也存在需要伦理调节的内容。在亚里士多德两本论述一般西方伦理观念的著作《尼各马可伦理学》和《欧台谟伦理学》中，伦理被按主题划分为：善、道德德性、行为、具体的德性、公正、理智德性、自制、快乐、友爱、崇高或完全的德性、幸福等十一个方面。在东方语境中，伦理体现在具体的社会网络中，着重强调维护人与人之间的关系准则，作为阶级秩序的工具，如《孟子·梁惠王上》："孝悌之义"；东汉·许慎《说文》："敬，肃也"；《诗经》："父兮生我，母兮鞠我，拊我蓄我，长我育我，顾我复我，出入腹我。欲报之德，昊天罔极"；何晏在《论语·为政》集解"周因于殷礼；所损益可知也"中提到："马融曰：'所因，谓三纲五常也'。"西方的从个人独立角度出发为主的伦理概念偏重于追求个体意识的德性，东方从人际关系角度出发的伦理概念侧重在维护团体和个体的和谐，二者的不同角度因社会结构和哲学传统的差异，甚至可能包括生物角度的思维模式差别。不论如何，它们都体现为"德性"和"德行"两方面内容。所谓德，与善一样，是伦理关系中必须厘清的核心和基础概念。学者和普罗大众的文化和思维差异，导致对"德"和"善"的理解必须通过普遍的概念方能贯彻执行，换言之，无法用作于生活的伦理是无意义的，伦理本身是一门指导实践的知识。

在虚拟现实的语境下，伦理也不外乎体现为指导人际交往、评价个体的一般原则和标准。不过旧的现实下的伦理，在新的虚拟现实环境下的各种关系的体现，又呈现出不同以往的特点，包括其评价体系，也会发生一些偏移。

"善"这个放在亚里士多德著作首位进行论述的概念，体现了人类社会群体属性的一种主要法则。换一个角度思考，答案便很显然：如果世界上只有一个人独自生存，那么他是否"善"有何意义？"善"本身是一个相对他人而言的概念。诚然，在现代伦理中，"善"的概念延展到了动物（如动物伦理学）、自然界（环境保护）等多方面，但这主要是在人类生存在这个地球上使自身利益最大化（即保护地球和共存生物以便人类种族的延续）的一种策略，其次才是一种道德的提高，也是人类自身的精神需要。在现实中，"善"简单地说即对他人好、不危害、妨碍他人，并能为他人提供一定的帮助。学者们对善的定义实际上来源于对现实生活的考察、总结，并将其内在逻辑概念化呈现，即从实践到理论这么一个过程。普通大众对善的理解则是通过生活实践、文化继承和教育沟通得到。善之所以作为核心的伦理观，在于人的群体生存所必须。群体生存意味着合作，合作的前提是相互友好，至少是互不侵犯、互不加害的关系，即善。如果不考虑善，则人类的群体生存完全无法实现，社会反而成为弱肉强食的丛林。在不同种族、物种之间可能适合丛林法则，但在同一种族内必须维持一定的平衡，动物通过自然选择所确立的本能实现不互相侵害；

而人类则必须通过伦理规则来保证这种平衡。善的概念，对于维持群体生存是一个基本的伦理准则。

在虚拟现实中，善的总体评价标准不会发生大的改变，但其所指对象从现实的人变为虚拟生存的人，以及人工智能（在匿名且无法分辨的前提下）。对他人不实施利己目的的侵害，甚至提供帮助这一善的核心理念并无变革的需要，盖因虚拟现实社会的群体生存也可能存在人类的互相侵害行为，这种负面行为也无疑对虚拟现实社会造成损失。在虚拟现实环境中，技术层面上对全体生存者的毁灭事件或威胁到个体生存的事件发生概率比客观现实的世界更大，因此虚拟现实社会仍然存在维持社会安全稳定的要求，甚至比现实世界更为迫切。技术门槛的降低，使得虚拟现实中的个体可以拥有强大的力量去导致严重的灾难性问题；不过从好的一面来看，个体拥有备份、可复制能力，虚拟现实的再建恢复能力，以及数字化环境中的监控比现实更为严密，这些都增加了稳定的筹码。不稳定因素和稳定因素都有所增加，基本上，维持虚拟现实的平滑发展，离不开传统的"善"的伦理。当这个核心理念贯彻到个体身上，依然不会脱离其基本的理念。不过，从现在的电子游戏环境来看，由于虚拟现实强大的构建和恢复能力，其描述的冲突、暴力和灾难场面及情节会比现实世界多得多，我们也可以想象，在虚拟现实生存下，人们"善"的标准可能会有一定程度的降低。以著名的电子游戏《侠盗猎车手》为例，在其中，犯罪行为被视为游戏的卖点所在，玩家扮演的罪犯主人公以各种手段躲避警察追捕，完成游戏任务。虚拟现实中构筑的场景允许人们突破在现实世界中的道德和法律藩篱，尽管是出于娱乐目的，但不可否认，这种情节对于人们在虚拟现实生存中的心态必然产生类似的负面影响。新的现实将导致人们之间的关系更为包容，对一些在现实社会中被认为是"冒犯"性质的人际表达视为是正常。不过这种包容并非是个体的心态得到正面的提高，而是一种被动的接受，是不得已而为之，是对虚拟现实社会的轻微的反传统伦理的无奈反映。以特定词语的理解和所指范围为例，在印刷文字媒体时代，"猪"在用于形容人的情形下，只能包含负面意义，传统的文化的高深和严肃性排除了其他所指；在手机和网络媒体普及后，以短信息代表的草根文化即市民世俗化融入了一般语境，使得"猪"在形容熟人时，也可能包含一种宠爱、娇嗔的意味。同时，在使用语言进行人身攻击的时候，"猪"已经从强烈的负面词汇淡化为一种较弱的负面词汇，因为其意义的范围更广了；而表示更激烈的人身攻击词汇也出现并取代之。在这种情况下，人们对于被语言暴力攻击为"猪"之时，相对就没有那么愤怒了。这种微小的现象，在伦理学的角度来看，体现了人们对"恶"的标准的提升，也即对"善"的标准的降低。而这最终归结于媒体的变革导致的人类沟通方式的变革。这种趋势不仅出现在人际交往中，也出现在其他伦理问题层面。总体而言虚拟现实环境的匿名性和非理性并不会给伦理的"善"的核心带来太大的不同，只在一些小的方面造成细微的影响。

　　在大中华文明的伦理角度，"孝、悌、敬"分别指明对父母、兄弟、上级关系的核心准则，这种伦理关系在虚拟现实中受到非血缘后代的新型关系影响，如前述几种情况下的血亲关系，唯一的趋势是淡化传统伦理对个体的制约。传统的血亲关系在虚拟现实中不具有存在的基础，包括物质 / 生理、精神 / 情感、阶层 / 阶级的基础均受到弱化。与"善"这种具有天然的、无特定限定的正面意义的概念不同，"孝、悌、敬"等并非天然的正面价值观，而是在社会交往和发展中为了维护"家庭、家族、国家"等群体概念而引发的具有一定目的性的人为价值观；人的本质有善恶论，但没有是否孝、悌、敬之分，善作为伦理的基础，在一定程度上更为本质地反映了伦理的天然性，更为纯粹地抽离了人的身份背景来考察人性。孝、悌、敬这类在社会生活中体现不同的人的属性和所属群体的伦理观，在伦理概念中应属次级的。当然，中华文明中"人之初性本善"也是一种伦理的属性，但缺乏对伦理的本真内容的辨析，也就出现了一定局限性。这种基于社会身份地位的价值观在虚拟现实之下必然受到变化和冲击。如前述父子血亲关系的几种情形，孝的基础是抚养和感情，在虚拟现实中，抚养关系和感情投入都只可能弱于现实关系，故"孝"的约束减弱；"悌"者亦然；"敬"与此二者不同，既适用于血亲关系，也适用于上下级、前后辈、师生之间的关系，这种关系反映了维护社会阶层稳定的要求——基于层级和等级社会的人际交往准则；在虚拟现实中，自由经济为主导的生产关系导致等级的弱化，草根化和去中心化，导致以往用于规范等级关系的伦理法则们也将变得较为次要，"君君、臣臣"这样的关系虽然依然存在，但其强制性被削弱，维系人们关系更多出自技术和经济关系本身，而且这种关系的松散性，使得其更为纯粹。在一个相对固化的传统社会中，人们之所以重视自身与他人之间的伦理法则，很大一点是人们无法随意摆脱自己的身份，包括职业、师生关系、君臣关系、上下级关系等；而在虚拟现实中，人们以某一种面貌生存，关系的状态是迅速发生、迅速改变、迅速消亡，人们不再严格受到现实关系的制约，故此在伦理角度，也更倾向于自由主义。由于人们摆脱了其唯一的生物性，因此可以在虚拟现实中以各种、多个身份进行生存和交往，甚至重构自身的对外性格、形象等，产生多种面貌、多重性格，这决定了虚拟现实生存个体不再非常重视传统的基于身份的伦理。

其实对于虚拟现实的人际关系，在当前的互联网时代便可见一端，人与人之间匿名社交、去中心化、对严肃进行消解的市民化，在一定程度上代表了虚拟现实的未来。虚拟现实则在此基础上进一步将真实生活融入赛博空间，同时由于解除了肉身的唯一束缚，人在人际关系中更为随意，蔑视传统的道德和伦理（相对而言）。但是这种新型的关系终究受到人的核心品质"善"的终极制约。因为，赛博空间、互联网社区、虚拟现实都是人的组成，人的群体性决定了人不可能脱离他人生存，因此人不可能以伤害他人作为生存的依据，相反，人必须寻求共赢的道路，方能保证生命的繁衍和延续。即使在意识和躯体二元化后也是如此。故此，从伦理角度而言，人在虚拟现实中的底线是——基于人性的伦理仍然保留；而基于非血缘的、社会化身份、地位的伦理规则被大量打破。

人与人工智能之间的伦理，随着人工智能的智能程度深化，最终呈现为一种新型的关系。尤其当人工智能具有情感能力之后，人就不能仅将其视为"物"，人工智能便具有了基本的伦理权力。当前的动物保护立法就是很好的例子。许多发达国家都将虐待动物列为犯罪行为，这在某种意义上承认动物具有一定伦理权力的结果。这种承认，是人的自身伦理的价值体现，同样可以、也必须适用于一定级别的尤其是具有感情能力的人工智能之上，否则便无法与传统的人的自我道德感相贯通。这种人与人工智能之间的关系，也是虚拟现实将出现的新型人际关系之一。

旧的法律、道德体系与新伦理的冲突

法律和道德都不是一成不变的概念，它们都随着社会生产力、社会结构、社会权力转移的变化而变化。在虚拟现实和人工智能的环境中，旧的法律和道德体系也会不断调整，以适应新的伦理关系。

物权法所面临的新问题，主要由血缘关系变化引起。在私有权上，人的无限复制，导致每个相同个体都拥有同样的标的物，

303

原有的物权法可能出现变更，以满足不同相同个体的要求。由于每个主体都是合法的权利人，很可能最终结果是共同所有。

财产权由于继承后代的多样化也不得不将权利平均分化。如果考虑人工智能，问题将更为复杂。如果人工智能具有感情能力，那么其具有财产继承权的可能也大大增加，因为在当今社会已有一些实际发生的个案，财产继承由非人主体承担（例如宠物）；那么人工智能无论是从物的角度，或从感情主体的角度，都可以拥有继承权。

人身权方面，包括生命权、身体权、健康权、姓名权、名称权、名誉权、肖像权、亲权、配偶权、荣誉权、亲属权等。由于社会关系的变化，一夫一妻制可能出现松动，例如以多个自行制造的人工智能为配偶，这种行为，由于个体对人工智能拥有所有权，其行为可以被认为是合法的；但同时要考虑人工智能自身的因素。生命权所针对的以生物体的唯一性、不可再生性为特征的法律也会改变为以意识的灭失为核心，而非以"肉体／容器"的灭失为依据。

在新的虚拟空间内，伦理原则的根本转变由以人为中心，受到以"类人意识"为考量的影响，即对人工智能和不能确定虚拟身份背后的实质的个体的态度和原则，成了传统伦理无法解决的问题。在传统的伦理中，人才是具备"快乐与欲望、自由意志、利己主义、爱、直觉、善、德性与义务、智慧与自我控制、仁爱、公正、法律与允诺、勇敢与谦卑"[1]这些伦理框架核心概

---

[1] 亨利·西季威克：《伦理学方法》，中国社会科学出版社1993年版，目录。

念的个体；一切的伦理具体内容无不受这一核心的制约。而当
我们不能确定虚拟身份背后的实质时，这些传统的核心框架式
概念便有可能覆盖到与人相对的"物"之上。法律所调整的人
与人之间的关系变成了人与物之间的关系，这一矛盾只能通过
符合人类实践最优化的手段进行解决，也即西季威克所强调的
伦理是关于实践的理论和研究，是基于个人意愿行为的对"应
当"的研究。人如何处理自身与虚拟现实生存个体的关系，自
然也必须考虑虚拟现实生存个体的形态和来源，以及如何谓之
"应当"。

伦理先于法律和道德规制了人类。法律是道德的下限。道德
是人性的上限。当我们谈论"人性"时，便限制了两个概念的外
延，仅限于"人"。在新的伦理框架下，任何可能涉及人的话题，
都不应与虚拟现实生存的个体截然分开，这是基于意识和精神才
是人的本质而言的；否定无生物性的意识，也是在否定人的本质。
当法律和道德涉及无意识的"物"的时候，即涉及了现实中的种
种权利义务，不管最终具体处理的方式有种种潜在可能，也无法
脱离一个事实的本质——人的伦理。在新的伦理之下，必然有新
的核心来维护传统与现代的继承性和平滑过渡性。人的伦理也是
人类得以存在的基础，这点是不会被牺牲的。当具体的法律、道
德体系与新的伦理发生冲突时必然是法律和道德体系让步。举个
简单的例子，例如虚拟个体的现实财产是否可被虚拟个体所拥
有？答案是显而易见的。又如前文所述虚拟个体与人类的性爱问

题，是否"不道德"？是否可以纳入现实的婚姻法？这个问题的答案则不能一概而论，而必须具体分析虚拟个体的智能程度，是否具有独立意识等一系列技术因素才能最终判定。无论是哪种结局，新的伦理都决定旧的法律和道德必须发生变化来适应人类的实践活动。

虚拟现实带来的
一些哲学问题与思考

谈论哲学，就很难绕开谈论人的本质。几乎所有的哲学问题都从不同角度出发建立对"人的本质"的自我阐释，并在此基础上进一步展开对世界、对主观的思考。对人的认识，相对于对这个世界的认识更为重要（对于人类自身而言），典型的例子是"我是谁？"的疑问往往先于"这是哪里？"而发生。对人的定义，亚里士多德认为，人天生是城市的市民；富兰克林则认为，人是天生制造工具的动物；马克思则认为，人是"社会关系的总和"①。无论是否出于哲学的或者是科学的定义，我们可以看到，对人的认识都在不断发展变化中。例如，今天来看柏拉图对"人"的理解——"没有羽毛的两脚直立的动物"——就只能令人哑然。并非说将人类定义为某种动物不可行，而是将"没有羽毛"和"两脚直立"这两个即使合并使用也无法概括人的最突出特点的特征作为人的表述，在今天普通人的知识水平和对自然界的认识下来

① 李清和："人的定义与从猿到人的转变的科学研究"，载于《云南社会科学》，1985(06)。

看，实在是缺乏核心的概括性。但柏拉图所处在的年代（公元前427–公元前347），却也只能用这个定义来反映人类所能达到的认识水平了。随着技术的发展，人的概念和内涵也可能不断发展而突破我们原有的认识；这个条件下，科学或哲学对人的本质的定义必然发生变化。在本书前几章我就已经指出，技术上的某些壁垒能否被突破，在很大程度上决定着观念的走向——这并非技术决定论，而是客观决定主观。对虚拟现实而言，人的大脑以及大脑的经验、情感、思维等能否被完全电子化复制，决定着虚拟现实的深度，也决定着人的本质的定义。也即是人类是否能进入纯粹的虚拟现实生存？抑或是半虚拟生存，依赖于这个尚不确定的技术问题之答案。如果人类无法实现纯粹的数字化，则这种虚拟生存仅仅是随时可以脱离的、依赖于生物大脑的生存且受到大脑寿命的局限；反之，则这种虚拟生存是理论上可以有无限生命、依赖于现实基础但独立于现实的体系。

人工智能其实就是人能否完全数字化的一种反推：如果无法实现完全的人工智能，也就是无法实现具有思考能力、情感能力的数字生存个体，人和人工智能之间便存在着不可逾越的界限；人无法完全数字化。那么虚拟生存只能是非独立的、无法脱离人体的另一种生活状态而已。

虚拟现实和人工智能两者在不同层次上改变了人的生存状态以及交往方式，两者相辉相映，共同推动人类社会进入一个新纪元。如果缺少了人工智能，虚拟现实之中除了实现人和人之间的互动外，缺少了人和机器的互动；人和机器的关系就无法融于一体。这对于人的缺失在于：这个虚拟现实世界构筑的个体基础仍然是生物体。生物性是人不能脱离自身局限性的最主要原因，是人不能超脱于日常生活的主要原因。生物个体具有生老病死等特征，使得人穷其一生实则上都在为了肉体的生存和愉悦而孜孜以求。人工智能模糊了人和机器之间的界限，并最终可能使两者融为一体。人工智能可能永远无法获得与人类相同的思维能力和情感能力，但却可以获得超过人类理解的另一种思维模式——基于其机器的特征。机器虽然也有寿命，但这种寿命相对于生物寿命而言，已经大大延长、可替换、可维护，实际上已经是相对无限的生命。也就是说，纯粹的生物人类相比于人工智能，只是各有所长，并非凌越于其上。人是高高在上的造物主，却也有可能被其"产品"背叛，人工智能的颠覆性可能是超越我们想象的。人工智能能够无限接近人类的思维和情感，乃至于我们单一个体无法分辨人工智能和真实人类的区别。人工智能与虚拟现实从不同层面发展了人类未来生存方式的可能性。人工智能反映着人类创造"人"的可能性和程度，而虚拟现实反映着人类创造"世界"的可能性和程度。当这二者同时到达某个技术水平，意味深长的变化便会发生。当人类创造出智慧的非生物体时，其思考世界的角度、出发点与人类可能完全相反，因为非生物体的生存方式与生物体相比截然不同，这种不同极有可能威胁到人类自身。这也正是前面几章所引述的当代的一些有识之士反对发展人工智能的担忧之处。具体而言，这种思维也反映在大量的现当代文学艺术作品之中。例如 2015 年的好莱坞电影《复仇者联盟：奥创纪元》中，人类利用人工智能创造出来的智慧，存在于互联网中，可以复制大量的自身，利用不同的外在形式，却将人类视为地球的病毒，欲将其抹杀。但是虚拟现实的完整性必须要求人工智能的存在，人工智能是完全的虚拟现实，虚拟现实是人工智能的网络。两者在不同层面和意义上摒弃了人类的肉身。人工智能是人的再现和复制，其进化程度决定了人类是否能完全抛弃现有的生物性；而虚拟现实是人类抛弃生物性之后的去处和所在。如果人工智能无法完全取代人类，也就意味着人的虚拟生存是不完全的、不纯粹的。如前所述，虚拟现实有几个不同阶段，我们讨论虚拟现实的哲学性，是站在虚拟现实的最终阶段，即人类实现了完全的虚拟现实生存状态的阶段来延伸的。

基于此种种，人工智能虽然和虚拟现实没有直接的、技术上的因果关系，但却是在另一层面上、虚拟生存能否彻底实现的反映。

自我意识——复制？剪切？转移？

《超验骇客》（Transcendence）是好莱坞的一部科幻电影，于 2014 年上映。其故事即人的意识是否能电子化的反映。电影主人公身亡后，其意识被他人上传到互联网，成为虚拟生存的个体，无处不在，综合了所有知识，具有调动世界范围内各类资源的能力，并发展出了集权和控制的意识，最终脱离了理性范畴。这部电影可以说是肯定虚拟生存的一个典型（虽然不是最早的例子）。相比 2000 年上映的、同样以虚拟现实为故事背景的著名电影《黑客帝国》，《超验骇客》突出的一面是完全否定了肉体存在的必要，并同时肯定了人工智能可以保留人的意识、记忆；甚至超越人类的智力水平。

由此引发的问题是，如果人的意识能够完全转移到另一个个体，这种转移是一种复制，还是一种剪切或转移？如果是一种复制，那么在意识转移到新的"容器"后，这个新的个体也具备了意识和独立性，是一个独立的存在，而且从这一刻起，新的个体与"源个体"之间成为截然不同的互相独立个体，不再具有共同的经验和未来。相当于一个分裂的个体，而分裂后又各自独立。如果意识的转移仅仅是因为原有个体"容器"的寿命达到极限；又或者为了更新升级"容器"功能，那么这种转移就不属于个体的复制，而是一种个体的转移。但即使是个体的转移，也存在两种情况：一是先完成复制，再将"源意识"删除；二是"源意识"逐步转入目标"容器"，这个过程中没有复制，而是两个"容器"中意识部分此消彼长的过程。

哲学上将意识作为人类特有的反应特性。一切事物对人都能造成反应特性，意识是人的反应特性的高级复杂形式。马克思主义哲学认为，从起源看，意识是劳动与社会的产物，从生理基础看，意识是人脑的机能。从意识的本质和内容看，是对客观事物的反映。也就是说，意识严格来讲不等于记忆。记忆是固化的，是人对以往感官经历的留存。而意识是流动的、不断变化的。意识的英文单词是consciousness或mentality，也可以译为明白、精神，一方面它的客观实质是人的整体精神的统括，另一方面它是对客观世界的反馈程度的度量。只有掌握了对事物的概念之抽象理解，和特点的把握，方能称之为意识。这是一种功能，而且是高级的生物功能。除了人以外的其他动物要么只有记忆而不具备意识（如鱼类），要么只具备简单的意识（如猿、大猩猩）。意识属于人脑的独特性，也是人区别于动物的主要生理机能。与其他动物相比，人的躯干部分生物体并不具备任何优势，却能在进化中保持超越其他生物的地位，完全归功于人的意识和思维能力。意识和思维保持动态变化且能不断地发展，而其物质基础是人脑。因此，自然带来一个问题：人脑能否完全用物理、化学的方式进行模拟？至少霍金认为是可以的。他说大脑可能如同程序一般，可被复制拷贝到电脑里面，"我认为，大脑就像一个电脑程序，所以理论上来讲是可以将大脑拷贝到电脑上的，而这也许可以给长生提供另一种可能"。但他同时也表示，目前的技术并不能实现这一目标[①]。再者从马克思唯物主义观点来看，任何事物都是客观物质的表现形式，人脑即使再复杂，也不会超脱于客观物体这一属性，既然是客观物体，就必然能通过物质手段复制，否则便是一种唯

---

① 中新网：《霍金预言人脑可独立人体存在》，http://www.chinanews.com/gj/2013/09–22/5307781.shtml，2013–09–22。

心主义和有神论、不可知论的体现。

复制、移动和剪切三种不同的意识转移模式，在最终结果上都是意识从生物体大脑向非生物体容器转移；而其阶段性过程却又三种不同的结果。假设大脑可以以硬件模拟，则意识可以用软件／程序模拟。电子学基础上的软件复制，是保留源文件和目标文件；软件移动和剪切则是同一个概念，意指先完成复制步骤，然后删除源文件，保留目标文件，即实际上是二段操作，只不过因其在电脑界面上瞬时完成，故并不为人所察觉。在这个传统的电脑过程中，没有任何伦理问题，所存在的是机器对机器、程序对程序的操作。但当这个操作用于人的意识转移时，意识本身带有私密性和个人性，带有权利特征，或者可被视为"人"。当一个复制完成时，两个同样的意识同时存在至少是一小段时间，这个时间段内，两者除了外形、在意识上完全一致，包括情感、记忆、经验和思维模式，这种实质上造成了对人的本质的诘问：外形不能决定人的独特性，而现在意识也不能，我们无法对两者进行区分。此时在社会伦理、法律等层面都存在一系列难题，即当这两个主体的意见如果不合，则无法处理任何社会伦理和法律事务。进而论之，我们能否只承认新主体，而否认甚至中断源主体的意识？这样似乎存在谋杀的嫌疑，即使源主体自愿在新主体出现后"安乐死"，但消灭一个肉体包括其意识本身就是不合法的行为。当复制完成后，两个主体都是具有肉体和意识的完整的"人"，拥有自我独立的思维能力，也有对自身的处置能力。即使在某些

"安乐死"合法的社会中，源主体可以选择安乐死来保证新主体独享其各类社会伦理法律上的责任和权利；但万一源主体临时起意，改变原计划；因为源的感受和新主体的感受是互相独立的，复制完全后，两个主体各自的感官所感受到的世界便不同，完全是两个独立的人，不过他们的经验、意识和感情相同而已。从最初的出发点而言，源主体之所以愿意复制自身，多半是出于对社会和人生的眷恋而采取的延长自身寿命或提高自身生存质量乃至进化出更强力的功能等目的；而当复制完成后，源主体并不能立刻感受到自身意识的"位移"，即感官在旧的源主体上消失，在新主体上呈现，则无疑会感到失望。

对于这种状况，只能从技术上予以限制，先将源主体意识关闭，待复制完成后，再在新的主体上开启。这样就可以避免两个意识同时觉醒，导致一系列的法律和伦理问题。对于意识本体而言，意识消失之时，其在源主体上；意识重新出现时，其已经在新的容器上附着了，这样的过渡就相当平滑。但这种技术能否实现又是一个问题。意识的暂时关闭可以通过类似麻醉的手段实现，但意识传输到新的主体上时，意识是逐步过度的，可能瞬间完成，也可能需要一段时间，具体取决于技术手段的先进程度，在这个过程中，意识何时开始清醒，其中是否有控制手段（切换有意识和无意识状态），都可能影响到意识的最终记忆和感受。如果在意识传输的过程中已经有记忆生成，那么源主体和目标主体的意识不会完全相同；如果有控制手段使得目标意识在传输完成之后再开启，则源主体和目标主体的意识可以保持完全一致，完全平滑过渡，避免两个相同主体意识的同时觉醒。

但是，无论如何，对源主体的消灭或关闭都涉及一个难题：即不管是否处于有意识状态，源主体仍然为伦理和法律意义上的"人"，对其肉身的消灭，在一定程度上与现有的伦理和法律产生了冲突。从伦理学考虑，人的意识虽然得以保留，但肉体仍作为意识的容器，被毁灭以保障业已转移的意识在其他容器上的唯一性，实际上也等于消灭了一个完整的人。虽然这个"人"一定是事先同意进行意识的转移并毁灭源主体，才能实现后面的其他步骤，但毁灭一个旧的"人"是不可避免的。即使我们把这两个在短暂的阶段中同时存在的主体视为一个人，而非两个人，毁灭旧主体可以视为与"自杀"类似的行为，那至少也存在一个广泛存在的法律争议，即"安乐死"是否合法。当今而言，大多数国家没有将"安乐死"合法化，在意识转移这一行为层面，即使我们不将肉体毁灭视为"他杀"或"自杀"，但也脱离不了对源主体被毁灭这一后果的质疑。消灭旧的主体，本身是消灭一个"存在"，不论旧主体是否处于有意识的状态。通过技术手段仅仅能避免两个主体同时觉醒，但无法绕开必须消灭其中一个主体的步骤，这点最具争议。

要避免以上问题，只能在人的肉体死亡之后再来进行意识和思维的重建，即对人的大脑记忆进行恢复，将其脑组织的功能特点以软件和硬件的方式再现。这样的"死而复生"就可以合理、合法化。唯一不确定的是，人的肉体死亡后，记忆、意识等会否消失抑或受到某种影响，例如丢失部分记忆或思维模式发生变化。那样再现出来的意识和智能，就不是完全的"本体"，与原本的个体存在主体意识的不同，或者只是部分的，无法100%复现。不过，即使这种负面因素存在，相较肉体和意识全面消失，还是值得冒险的（对于选择再生的人）。从哲学意义上说，这样再现的个体虽然不是完全的源主体，但也是大部分的，并不能认为是一个新的意识。因为这个新主体的意识不会超出原有旧主体的意识范畴，只可能小于或等于旧主体的意识和记忆范畴；并非一个重新发展的意识，而是原有意识主体的弱化版或复制版。

脱离肉身及其后果——幸福感的消弭？

肉体，在许多宗教中作为精神的载体而与神性对立，作为欲望的起因，甚至是邪恶的源泉。佛教中将肉体视为容器的思维尤为突出，从"皮囊"这一形容词可见一斑。"囊"者，软状容器也，"皮"则表达容器的材质。佛教认为只有抛弃肉体、超越肉欲、静心寡欲才能看破世界的本质，从而以精神层面礼佛、信佛，最终得以去往"极乐世界"。表面看来，肉体作为精神的容器并不能得到高尚的地位，但精神的追求本质也无法脱离一个"乐"字。较为极端的原教旨主义的伊斯兰教对于恐怖分子的自杀式袭击行为也存在以金钱和女人为"奖赏"的诱惑性洗脑，实质并不能脱离对快乐的追求。有趣的是，迄今为止，人们对于快乐的认识都是基于自身肉体的，任何对快感（包括肉体和生理、精神和心理层面的各类愉悦）的感受都是从感官出发的，从物质基础出发的。即使心理快乐也脱离不了肉体的和器官的感受，单纯的意识不可能令人感到愉悦，而必须是意识对肉体的作用，才能产生快乐。而我们抛弃肉体去追求精神时，却又幻想得到更高的永恒的快乐，这种快乐又如何与我们肉体感受的快乐相区别呢？因此，抛却肉体后，人类还会不会存在快感？乃至引申到幸福感？这个哲学问题在人工智能和虚拟现实背景下，又更具有了进一步探讨的意义。完全的虚拟现实生存，意味着肉体的不必要，意味着人的意识和容器的分离，意味着生命的永恒，这些都是人的升级和发展的一面；但从另一个方面看，肉体和意识完全分离，则表示意识可以存在于不同的容器之中。从肉体的角度来看，快感只存在于肉体中，或由意识促进肉体分泌诸如多巴胺之类的化学物质，最终通过人的神经，使人感受到快乐、幸福等感觉。容器的感应能力，决定了快乐的定义；毋宁说容器（包括肉体）和感官快乐是不可分割的共存关系，而意识在其中只起到一个调整快乐的种类和方向、指导人遵循肉体和快乐原则去行动的指挥作用。人也不过是一种动物，其应激性的特征，使之趋利避害。"快乐原则"是弗洛伊德的重要心理学理念之一。他将其定义为对未得到满足的、未平息的冲动，也即从欲望与满足的角度进行定义。由于心理学的基础是生物学，因此纯粹的心理学定义并不能反映快乐的来源，而只能从"不满足"来做反向推论。实质上心理学的快乐必定来源于物质主体，而不是意识。人的成长和发育过程作为记忆存在于人的大脑中，经验通过意识指挥身体接受快乐行为而非痛苦。宗教中存在的"清教徒"和"苦行僧"等人类角色则是通过意识来反对肉体，其真实用意是证实意识高于肉体，同时在形式上证明对宗教的信仰。人们不通过快乐来证明信仰，因为快乐本身就吸引着人们投身其中，如果信仰可以得到快乐，那么可以被怀疑其信仰的目的仅仅是为了快乐。痛苦作为代价，是信仰的过程；而信仰的过程则是宗教的承诺——即更高层次的解脱或快乐。

假设人类在不断进化中最终摆脱肉体的桎梏，通过虚拟现实和人工智能实现了真正的自由生命后，附着于机械、电子硬件之上的意识与肉体之上的意识有一个不可忽视的差异点：肉体需要取悦，而机械和电子容器则不需要。因为肉体可以感受不同外部刺激带来的兴奋或快感，包括心理上的（因心理愉悦也无异于肉体愉悦，基于人体内生物化学物质对神经元的刺激，只不过心理愉悦和肉体愉悦的生化过程中起作用的物质、感应的器官不同）；而机械和电子容器则不需要愉悦感，同样的，机械也不会体验痛苦感，这是由于肉体消失了，我们原本基于肉体的种种体验也就消失了，包括生理和心理的愉悦和痛苦等。这一方面减少了人们的病痛、不快等负面感受，但也将人对快乐、幸福的积极感受一并消灭了。其实不仅仅是幸福感，其他感情也可能消失，如同情心、喜怒哀乐等。完全机器化的人类只能成为理性的机器，除非利用技术在容器上增加入情感因素。当然，容器本身也可能带来新的"趋利避害"行为倾向。这几种可能性都是存在的。

1. 完全理性化的人。假设技术上无法重现"情感"这一意识中的非理性因素，则虚拟生存的人类会成为纯理性的意识（完全虚拟生存者）。这种主体会发现，在意识从生物体上转移到容器上后，原有的"情感"由于丧失了生物分泌和应激这一来源，而变得不可理喻。喜欢、喜爱或厌恶某一对象的根源可能存在，也可能消失。例如面对一摊脏兮兮的污垢，由于缺乏了生物应激，而不再觉得"恶心"；对一只毛茸茸的小狗，虽然保留着"我喜欢它""它真可爱"之类的记忆，但不再能理解这种情感产生的根源。这种纯粹的理性化，带有一定的负面意义，它颠覆了人类一直以来的情感动物特征，将"人"彻底物化为"物"，这种"物"考虑世界本质的问题不再基于同情、感动、爱等价值观，而只以自身利益最大化为目标，客观而言，它可能有利于人类作为一个种族在宇宙中的生存，但不利于人类情感交流和社会关系的发展。抛弃了情感的这种纯粹理性的人类有可能发展出残酷的一面（以今人的眼光），例如为了集体利益可以牺牲个体；在种族或民族的名义下抹杀个人意识等等。至少在当今的人类价值观下，是不可接受的。

不过，也存在这样的可能，即纯粹理性的人是从感性的人发展而来，故而保留着感性的一面。这种感性虽然在丧失生物学特征的容器上无法被理解、被反馈，但却作为人性的一面、作为一种"生存准则"而存在。正如科学家们为机器人设定的"任何情况下不可伤害人类"这一最高原则一样；虽然机器人无法理解这条原则，但作为程序化的准则而确定下来并作为行动指南。纯粹理性的人可以通过这种"不能理解但作为约定俗成"来保留人性的一面。前提是这种纯粹理性的人的意识是从生物性的人转移而来，并能得到继承。通俗地说，虽然纯粹理性人不具有感情能力，但有基于感情的行为约束能力，这种能力从生物性的人身上继承，并形成理性人的基本原则，确保理性人类文明和价值观的存续。

2. 具有模拟情感的人。假设技术层面可以在机械和电子基础上重构"情感"这一非理性因素，则虚拟生存者的容器本身也具备了模拟情感的能力，虚拟生存可以具备感情因素，这与生物体人类基本一致。人类的情感能力来源于肉体，在模拟化下形成复杂的情感能力，实质上就是不同意识对容器本身的不同刺激和反应。容器上设定不同的感应器官，对不同意识进行分辨。其实在当前的脑科学研究中已经证实，人的情感受不同的脑部区域控制，这也意味着不同的物质构成可以与不同的意识互动。用马克思主义的观点，物质决定意识，出现构成水平超越生物细胞的物质和技术并非不可能，也即通过技术手段构筑情感和意识是可能的。这种技术下对人脑进行模拟，其产生的情感也具有模拟性，即无法具备完全的感情能力，可能缺乏某些环节，或者某些刺激反应的应激性不同。但无论如何，模拟情感有其重要意义，即继承生物性人的社会价值。完全虚拟生存者即纯粹理性人与生物人之间，具有断裂性，这种断裂是由于肉体的消失而导致情感逻辑的突然消失而造成的。在纯理性人出现之前的世界，也即当今的世界，其运作的逻辑都基于人类情感和理智的平衡这一事实；当平衡被打破，整体社会的价值中心便发生巨变。任何情感逻辑介入的领域，其规律都将重新设定。例如基于人类同情心而产生的弱势群体救助事业，因为缺乏情感逻辑，从理智而言只能被认为是因为无法产生价值，是一种对资源的浪费；又如血亲之间的亲缘关系，即使有抚养关系，但缺情感价值而变得冷酷功利。模拟情感的出现，实质上是人类在创造容器之时，以程序化方式对其本身功能的某些规定，即完全不具备情感的机器应避免被制造为意识的容器。意识容器必须具有特定的功能规范，以保障情感因素得到物质基础支持，而存在于意识容器中。这是人的主观能动性对虚拟生存的改造。

3.具有真实的、非人类情感的新人类。本文的前述分析认为，情感逻辑基于物质基础；既然当前的生物人基于生物基础可以发展出目前的情感模式，则是否存在基于机械电子基础而发展出的新的情感模式？笔者认为这种可能性是存在的。从人类新生儿来看，新生儿还无法表现出高级情感，其哭声只是对外界刺激的本能反应；而经过一段时间的与人互动，新生儿可以通过学习模仿到父母的微笑等能力，此阶段其意识才逐步由本能向复杂发展。新生儿虽然具备着复杂的大脑结构，但也只能从零开始学习心理互动并形成复杂思维，逐渐成熟。也就是说虽然其具备了物质结构这一基础，但意识仍需要逐步建立。如果人的大脑可以完全被机械电子或其他物质基础所取代，则人工智能的感情能力也将可以从零开始习得。不过，基于机械电子或其他物质的大脑其共同特征是非生物性，从中发展形成的情感也必然具有与生物基础发展形成的情感的不同之处。换言之，喜怒哀乐等生物性的情感不会完全复现在非生物性的大脑中。新人类的情感来源于其物质基础，这点与生物人类是类似的，但不同的物质基础所形成的情感模式存在结构或倾向性差异。例如，对于生物性人类而言，同情这一情感来源于对他人的物质或情感方面的不快和缺失的自身投射想象体验，这种想象投射，必须基于人体的缺陷或情感的失败等体验；而对于人工智能、虚拟现实的大脑来说，这种联想的基础是不存在的，因为相对于生物机体的机械和电子容器，其缺陷可以被修理和通过技术手段升级而消除，而无法修理或升级只能是经济或技术因素。故此在"同情"这种情感上生物性意识和非生物性意识的思维方式类似而情感对象特征毫无联系，导致同情的对象也一分为二。

人类成为新世界的造物主即"神"

2015 年 9 月，未来学家、谷歌高管库兹韦尔在奇点大学发表演讲，认为人类未来将实现与人工智能化为一体的"混合生存"（腾讯科技，2030 年人类将成为混合式机器人），当机器植入大脑后，将使人类成为神明一样的存在。这种情况下的人类思维方式将发生巨大改变，抽象思维层次增加，并将创造更深刻的表达方式，这种进化不仅仅是技术上的，而更是精神上。这种进化使得我们越来越接近神明。也就是说，人类创造的人工智能越来越接近人，那么人类一直以来的"上帝造人""神造人"的说法就有了新的含义。既然上帝造出了人而成为神，意味着一种神对人的超越；那么当人造出人/人工智能时，人又高于了其造出的人/人工智能。也即对于人工智能来说，人就是"神"。技术的拓展带来的是精神、意识层面的巨大变革，这是前所未有的。

当代的人文艺术领域反映类似想象者甚多，以电影为例，2014年好莱坞电影《超验骇客》，核心主题为人的虚拟化、网络化生存，其片名的英文名为Transcendence，直译是"超越"，其另一个含义是宗教方面的"超然性"。这种性质为神性的一种。所谓超然，是虚拟生存与网络化的人所获得的、以电子技术和网络大数据为基础的信息能力，而信息能力又直接可以作用于真实世界（当今真实世界的信息化程度仍不断深化），例如通过网络窃取金钱、组织生产等，都可以实现；同时不老、不死；这种能力是普通人无法想象的，故而具备了超脱现实世界的特征，也即神性。当代科学不断发展，而艺术不断见证它，二者同时指向的方向高于现实，但并不脱离现实。纯生物人（现实生存）——混合人（部分虚拟生存）——纯粹虚拟生存的主线，是人类不断进化的预告。

1. 创世之力：实际上，人类并没有有意识地创造新世界，一切只是人类智力和意识发展的结果。技术作为人类智力的最终体现，改造世界作为人类发展的目标，技术最终服务于人类生存发展，一个新世界逐渐成形，从模糊到清晰，而人类对其认识也从无到有、由浅入深。所谓"新世界"，必须具有自身运行的规律，同时在某些重要方面高于现实。世界具有复杂性，要创造一个世界，必须有复杂的系统，简单的系统不能创造复杂的世界。我们目前的世界已经达到一定的复杂程度，主要是技术层面，足以创造新世界。新世界的规律和原则是一开始便确定的，具有基本律的属性；而新世界的具体事物则是一步步被创造出来的，逐渐丰富的。新世界不一定具有意识的介入，否则在人类出现以前的世界无法被解释。新世界是一个完整的系统，具有封闭性和自主性，在一定程度内可以进行自我调节、净化、发展和革新。创建新世界是一种新系统的诞生，同时这件事实本身可以证明新世界创造者的升级，即从人变成神。神创世的神话本身是人类对自身来源的解释，但也证实了新世界是一种证明、是人类生产力发展到特定阶段的飞跃和革命、一种人和神之间的界限。

2. 永恒之力：肉身作为桎梏，最终将被人类所摆脱，实现技术上的永生，意识和精神的长存。而人类文明中神的概念往往与不老不死的躯体相联系，这也反映了人的一种能力缺陷和渴望；而人类通过机械和电子的容器容纳意识来获得永生，弥补了这种能力缺陷，意味着人类在自身进化中，依靠自我意识逐步获得更高能力，包括生命延续的能力——类似于神的永生，这一要素也拉近了人和神的距离。肉身的缺陷和不足给人类文明发展带来原生动力，也给人类带来了种种制约。人类要达到神的高度，必须具备神的全知全能特征，或部分神的部分能力特征。作为其中最重要的鸿沟之一——永恒的生命是一个必须具备的条件。永恒与自然界中的其他生命相比，是一种超越、一种超脱、独一无二的特征。

3. 神的相对性：神作为一个概念被人创造，当人的发展到达一定高度时，神的种种特性、力量最终被人实现、获得，体现了人对神的颠覆，人自身接近神的高度的确立。神在这里作为一个标尺被人用于衡量人本身。由于神是创造人类世界的存在，故而神相对于人来说是全能的；虽然神在他所创造的世界之外，也可能有无法实现的目标；但这并不影响神的相对人类而言的绝对全能性。从神的概念出发，人类的技术只能无限趋近于神，而无法成为神本身，但这并不妨碍人类创造新世界、实现永恒存续。相对人所创造的世界而言，人就是这个世界的神。人可以掌管操控这个世界的一切。虽然人并非全能，但相对而言，人就是新世界的神、造物主。人类世界中不同宗教、不同文学艺术中的神祇并非都是全能的，而是有着不同的能力、阶级和个性，这是人类对现实的反映和思考，以人的形象来塑造神，只有少数的最高神祇，如基督教的上帝、佛教的如来佛祖等，才能被刻画为全能性质的神。这样的宗教和文艺语境，反映了神概念上的内在相对性。神在概念上应当是绝对的权威、不可置疑的，但在人类文明中具体的各种神祇却又被赋予了人的弱点，这说明神的概念很大范围内是人自身的反映，而绝对的神是最终的顶点。神的相对性给了人类一个"成神"的机会，人类在自己制造的概念中来去自如。总之，通过技术，人类完全可以使自己成为新世界的神。

神的相对性还体现为其概念的指向。宗教和神话中"神"的概念是创造人类的另一个存在，而且具有大部分人的特征，但拥有人无法企及的特殊能力，这个概念指向人的外部世界，神是不依赖于人的特殊存在，而人依赖于神；神和人是独立的两个实体。另一个"神"在中文中可解释为"神智、精神"；这个概念指向人的内部世界，也即意识。意识依赖于人，不能独立存在。意识虽然不能等同于宗教和神话中的"神"，但当虚拟现实和人工智能概念导入后，意识成了虚拟生存中的人的存在，这就奇妙地将神、人、意识三者连成了一个封闭的环——意识创造"神"，"神"创造人，人创造意识。

虚拟现实是人建立的新世界，人工智能是人建立的新的人。人通过这两个手段，在虚拟现实中为自己创造出一个接近"神"的地位。人并不是虚拟现实世界的旁观者，而是参与者。这使我们的哲学世界观出现了一些重大的转折。进入虚拟现实、与人工智能共生存，对于人类本质的一些观念是一种挑战，包括对自我的认识、对幸福感的尺度等，其必将导致人类作为一个生物种群在历史演进中的价值观和目标的转变，人类的发展路径将出现重大转折，例如由向客观世界求索更多地转变为向主观世界创造，人类也许将放慢探索自然的脚步，而转入对精神乐土的构建，在虚拟现实中获得幸福显然要容易得多；另一面则是人类文明的延缓（至少是技术层面）所赋予人类生命的意义的转变，这带给人类的思考将是持续的。

生存意义的终极拷问
——从《黑客帝国》到《超体》

虚拟现实未来将营造的新世界存在着人类、人工智能等新的生命和类生命体，包括了永恒的生命和可复制的各种生命，这个新世界将超越今天我们曾经对三大工业革命所创造的新世界的评价——因为虚拟现实所构建的空间改变的是精神生活——这是不同于以往工业革命的根本；而互联网只是一个必不可少的技术成分，是一个阶段性的革命，真正的新世界的"完全体"必然由虚拟现实和人工智能来完善并完成"临门一脚"。毕竟，作为有着自我意识和复杂思维的人类，无法满足于仅仅是对物质生活的安乐，必须将探寻生命的意义作为自身价值的最高追问。技术发展历史在不断刷新人类的生存方式可能，最终带来的结果是终极、无限的生命。伴随无限的生命而来的关于生存意义的思考两者既矛盾又统一，对任何人都无法绕过。

虚拟现实在各方面挑战着人类原本的思维模式，而涉及生命终极意义的话题尤甚。作为哲学家，生存的意义是他们常常思考的话题，尽管这一话题出现的形式各异，甚至遭到否认——因为学术的深奥性排斥如此简单直白的发问。但不可否认的是，生存意义始终是一个存在于全体人类潜意识中的命题，在个体生活中也时不时地"跳出"日常人们运行的轨道，对人们进行质问。其原因一方面是人类的自主意识和思考能力、好奇心，另一方面是人类有限的生命和时常出现于生命中的痛苦。弗洛伊德的快乐原则为人类的生存意义作了一个侧面的理论解释，即人类可能是追逐快乐而存在的生物体。这可以很好地解释为什么人类只有在痛苦的时候，才会思索生命的意义；人类在快乐的时候只会沉浸于令其快乐的事物中而无暇思索这一深刻的话题。也即是说在痛苦中思索生存意义，具有暂时逃避现实的作用。个体的自我心理调节能力差异，则使大多数人继续生存而寻找新的快乐而维持下去，少数人可能进一步导致个体的茫然和焦虑甚至自我终结。总之，人只有在痛苦不堪的前提下，才可能考虑结束自己的生命，在快乐的生命中，人则不断寻求延长生命的方法。这也反证了弗洛伊德的简单答案，即人活着是以追求快乐为原则的。换言之，生存的意义就是逃避苦痛、寻找快乐并尽量维持到生命终结，相信这是大多数人类的想法——无论承认与否。至于道德和法律，则是对快乐原则的一种环境条件的共识，即维持某种秩序性，以便于个体不必互相侵害而影响快乐原则的实施。但人类生存的意义并不会因此而被降低为物欲导向如同阿米巴原虫一样的存在个体性，毕竟人的道德感作为"神性"的一面约束着人的"兽性"。不妨将人的欲望视为令人类得以延续生存、不断进步的动力，而道德则像是野兽的辔头，时刻提醒人们勿忘其高于动物的一面。人类的生存之目的，似乎并不存在绝对性，而是一个相对制衡的动态过程，即快乐原则和道德原则的双重并存。快乐属于个体的、私有的目标；道德则属于公共的、群体的目标。道德是限制性的痛苦；而快乐是自由的，两者相对而存在，又缺一不可。如果只有快乐而无道德，则人类会迅速衰落和崩溃；如果只有道德而无快乐，生命的存在意义便只剩下严酷和茫然。生命的存在，应该是一个矛盾的客观过程，而意义本身只是身处其中的生命体所赋予自身的形而上层面的解读。对此，当今人类文明已经无数次地对此进行探讨。而新近几十年来人类技术的发展所带来的新的认识，又对生存意义有了新的观点。而这些观点都脱离不开数字化、人工智能等技术革命之影响。

伴随着互联网和虚拟现实等技术的融合，以上内容逐步在社会流行文化中得以体现。流行文化，或曰大众文化、波普文化，尤其是作为大众文化的代表媒介形式之一：科幻电影。科幻电影对技术的敏感性不如严肃的学术文化，但在社会结构和人类行为方式的敏感度上，却非常灵敏，往往能反映最新的社会行为心理趋势。究其原因，一方面是导演和编剧是流行文化的潜在把关人；二是科幻电影的性质所决定：它不能完全脱离现实，又不能完全符合现实，其所创造的世界观和体系，必须既使受众容易接受，又能让受众惊奇和受到启发，大开眼界和引起一定的沉思；三是科幻电影受技术的启发，融入对技术如何影响日常生活的思考，体现的往往是社会对技术的忧虑和恐惧一面，作为资本密集产业的娱乐工业产物，科幻电影有大范围的受众群，说明其本身具备的特征也正是针对大部分普通人的思维，具有草根化性质，又可作为大众流行文化的主流样本。本章将以近年来当代部分科幻电影所反映的与虚拟现实有关的价值观和世界观为例，一一进行分析。

《黑客帝国》：划时代的科幻电影及其完整的未来体系

《黑客帝国》三部曲于 1999 年上映，导演是安迪·沃卓斯基。这部划时代的电影获得了大量的赞誉，其所蕴涵的哲学意味，以及对人类文明的最新思考，都获得了包括从普通观众到影评人的一致好评。今天回头看来，能够在 1999 年这个互联网刚刚开始普及的年代便如此彻底地对人和机器的关系、人和互联网的关系以及人和人工智能的关系进行探讨，表明导演和编剧深厚的哲学理论功底和对现代流行文化的把握，以及对未来的准确预见和思考。

影片描述了一个程序员发现日常生活不过是被机器所控制的幻境，而人类沦为机器的奴隶，清醒过来的他肩负着解放人类的使命，加入到人类反抗机器统治的组织，最后以打败机器中生成的病毒程序（该病毒由机器设计，用于猎杀虚拟世界中的抵抗派人类，但病毒最终失控，脱离了机器的母体控制，而反过来威胁到机器自身）为交换，获得了机器对人类的不再压迫承诺，实现了人类和机器的和平共处。这里的"机器"被称为"矩阵"或"母体"，其实质为由人制造，但最终具有了自我主体意识并摆脱并超越了人类的人工智能。之所以称之为机器，很大程度上是为了突出"人"和"非人"的对立，更容易被观众所理解。但就此处而言必须强调其虚拟现实和人工智能的本质。通过本片的背景，可以更加明确虚拟现实和人工智能密不可分的关系：第一，虚拟现实中如缺乏人工智能的介入，则虚拟现实不可能实现高度的真实性，因为构筑新世界的工作量之大，难以由个人（即程序员）直接完成，而必须由人工智能通过不断的自主学习、模糊处理和结构化理解来构建。第二，在构建的过程中，人工智能便已经与虚拟现实高度融合。这种融合最重要的必要性在于新世界的"互动"能力。如果不具备人工智能，则新世界只是一个生硬的展示平台。第三，从社会完整度而言，人工智能介入人类交往领域不可避免。尤其是在人工智能高度智能化后，人类无法从伦理上将其忽视或降格为"物"来对待；而这种对待只有在虚拟现实中才能得到最高表现——即无法分辨其真实本质。第四，如前述，人和人工智能的界限变得模糊，从改造现实世界的角度出发，只有将人工智能利用好，才能最大化人类自身利益。一个排斥了人工智能的虚拟现实环境，并无多大存在的意义。从另一个角度，即人工智能自身利益角度而言，融入人类社会，才能实现人工智能和人类的平等关系。无法区分人和人工智能的世界对于人工智能而言是最为有利的；而只有在虚拟现实环境下，人工智能才能实现这一点。在现实环境下，受到技术手段的限制以及"恐怖谷"效应等制约，人会自然对人工智能产生排斥。

导演安迪·沃卓斯基之所以创造出这样一部划时代的大作，与其对哲学的一贯思考不无关系。他和他的兄弟毕业于以戏剧表演著称的中学，在大学退学并继续从事戏剧和编剧创作，两人的日常话题经常围绕着一些哲学话题展开，其中包括对机器和人的关系的思考，以及机器具备人工智能后如何摆脱人类并反过来控制人类的可能性。他们将这些思索成果统一归纳到一部剧本中，这就是后来电影的雏形。得益于互联网时代的美国，已经出现的一批对现实和神话理念的探讨，为《黑客帝国》中无处不在的神话暗示，包括角色的称呼等带来了启发，这种种与互联网带给人们的超现实空间相呼应，成为这部电影大获成功的要素之一。另外，不可忽视的是1999年互联网时代方兴未艾，在美国更是如火如荼，这样的氛围下，一部全方位探讨了互联网和人工智能、人和机器关系的科幻大作，获得成功也属时代的必然。在《黑客帝国》之后，沃卓斯基兄弟的其他导演作品并没有获得类似的轰动效应，似乎也反证了其成功得益于时代浪潮这一事实。

《黑客帝国》作为一部划时代的作品，使得"双重世界"

类科幻电影成为潮流[1]。后续的电影作品，纷纷出现了类似的世界观。这类电影都是构筑在一个想象世界的基础上，这个想象世界又与真实世界有着紧密联系，两者的生活呈现出截然相反、如同天堂与地狱般的强烈反差。"双重世界"中的想象空间一方可以是信息化的虚拟世界（《黑客帝国》，1999）；可以是大脑的意识空间（《红辣椒》，2006）；可以是梦境（《盗梦空间》，2010），可以是他人的时空（《启动源代码》，2011）……不一而足。"双重世界"的构筑，可以使影片结构更具戏剧性和冲突性，也具有相对于观众的熟悉性和疏离感两种矛盾的感受，娱乐成分浓厚。尽管《黑客帝国》不是最早构筑"双重世界"的影片，但它是最早将互联网和人工智能、虚拟现实概念融入于对人和未来的物质及精神生活互动思考并推动了这种思考深入大众文化的电影。从普及虚拟现实、赛博空间的角度，《黑客帝国》无愧于一部里程碑式的作品。美国的哲学文化并非主流，但先进的科技和发达的资本体制，强大的文化生产流通体系，将任何敏感的、先进的而且最具有现实可能性的新概念推广到全球，成为流行话题，这是一种必然。

不过，作为虚拟现实和人工智能概念电影早期引领者的《黑客帝国》，其开创性与其深刻性也形成了一对矛盾，即在将焦点聚集在人工智能构筑的虚拟世界和人类真实世界对立上后，影片

---

[1]　比《黑客帝国》更早描绘信息化虚拟世界的作品，也可以说是影响了《黑客帝国》的代表性作品是诞生于1989年的日本动漫《攻壳机动队》。

没有也不可能将话题扩展到更为深刻的社会结构、伦理乃至人类概念等方面。随着技术发展，现实世界和虚拟世界的二元对立必然是我们要面对的，《黑客帝国》最终以人工智能有条件地放弃对人类的统治和压迫来获得二者的平衡，但平衡之后，也就必然涉及二者在平衡状态下关系的探讨——人类在自我生存的世界中与另一个世界进行交流，这里既包括信息交流、经济交往，也包括人类与人工智能的"人际"交往，其中可以衍生出大量有探索价值的主题。

举个例子，2012年上映的影片《大都市》，以未来的信息社会和金融体系为背景，但极大地虚化了这一背景，重点描述了人在一个分裂社会中的流动，以及个人地位的变迁，在豪华轿车这一个幽闭的空间内，形成了一个极具深刻哲学意味的二元世界叙述方式，暗中批判了诸多的当代金融体系、科技潮流和人际关系问题。这部电影与《黑客帝国》相比，虽然其虚化了技术背景，但对人性和社会的分析似乎更为深刻。换言之，《黑客帝国》在电影史上的地位，是引领了"技术二元"世界类型电影的潮流，并将未来技术对人类的变革可能呈现给我们的第一部影响巨大的电影，这是一个总括形式的作品，其所指示的是人类社会总体，这部作品并不关注个体和情感，而是集中在社会和生命，它并不像《大都市》这样细致地、具体地以特定人物为中心展开，不分析具体人和事在社会流动和阶层变迁中的角色。通俗地说，技术变革是《黑客帝国》的立足点和出发点，在此基础上探讨人类社会和虚拟现实及人工智能的二元对立问题。从动物本能论之，人类对于未知事物往往是先产生戒备心理，这是人的动物天性，不可避免。这也是为什么像《黑客帝国》这样的具有预见性的电影，必然将矛盾冲突作为核心议题，而非和平与平衡。人通过技术逐步取代神，人又通过技术逐步被取代，这种控制地位的失去，使得我们人类难以维持安全感。将这种危机通过电影等大众文化表现出来，《黑客帝国》完成了历史赋予它的任务。同时，其构筑的既令当时的人"脑洞大开"又完全符合技术逻辑的完整的虚拟现实体系，可谓开创了电影、互联网文化和科技哲学三者融合的先河，之后的其他文艺作品都难以脱离此技术背景范畴。

《黑客帝国》描述的未来世界，是基于当前互联网和人工智能的发展趋势而提出的，符合逻辑的一个想象，其符合现实的部分是互联网、人工智能及虚拟现实的实现程度；这部分内容是技术逻辑的，即按照当下的技术发展，我们迟早会进入类似的一个阶段。而具有争议性的部分则是人和机器的关系发展，是否会导致二者的对立？从电影描述的内容而言，这种对立是不可避免的。因为随着人工智能发展到一定阶段，尤其是具备自我意志的人工智能，其思维衍生出对人类的反抗性也无可厚非。这实际上给我们人类提了一个醒，即我们必须对人工智能设定界限。这也就是阿西莫夫于 1940 年所提出的目的在于保护人类自身的"机器人三原则"（也可理解为人工智能三原则）：

第一条：机器人不得伤害人类，或看到人类受到伤害而袖手旁观。

第二条：机器人必须服从人类的命令，除非这条命令与第一条相矛盾。

第三条：机器人必须保护自己，除非这种保护与以上两条相矛盾[①]。

如果在未来，人类和人工智能的对立达到了最高阶段，即战争状态，那么从人类制造人工智能的最初目的来看，人类是失败的。这里有一个矛盾：人类要么故意令人工智能达不到人类的高度，要么让其达到甚至超越人类的高度。无论哪种选择都具有局限性。如果人类选择前者，则人工智能对人类的益处受到限制；如果选择后者，则人工智能可能对人类构成威胁。当代许多有见地的人士包括学者、企业家等，已经对这种可能性提出警告并已经开始呼吁和行动起来。人类出于动物安全的本能，考虑虚拟现实和人工智能的负面影响，实际上有其积极意义。因为有两种不确定性：一是人工智能具有自我意志后，就如同人类一样，必然会去思考根本原则的合理性，这可能导致其发展出更高阶的原则突破人类的制约；二是极少数人或机构可能基于偶然性、或出于私利目的发展出缺乏最高原则制约的人工智能。无论是哪种情况，都可能导致人类的生存危机，而这两种情形发生的可能性——结

---

① 百度百科："机器人三原则"词条。

合当前的技术发展速度和人类历史长度来看——并不低。

《超验骇客》——人的完全虚拟生存及其情感问题

2014 年的好莱坞影片《超验骇客》讲述了一个科学家死后，将自己的意识上传到一台超级电脑中，从而成为具有强大信息化能力的虚拟生存个体的故事。这是一部典型的硬科幻电影，主要的矛盾冲突集中于主人公在成为虚拟生存的超级能力个体后，认为应该进化人类（用其原话说即为"超验"），试图将人类改造为不灭不死、但意志可以受到主人公统一控制的、类似蜜蜂、蚂蚁的集体生命形式。第二个矛盾即为主人公和女主角的感情纠结。在成为虚拟生存个体后，主人公仍然爱着女主角，但他"超验"人类的想法受到女主角的抵触，而且女主角实际上已经在主人公死后接受了男二号的感情。一方面女主角试图阻止男主角的疯狂"超验"行动；另一方面又碍于其强大的信息能力而不得不敷衍乃至欺骗男主角来实现目的。这其中，也包含了女主角不能确定已经上传到超级电脑中的男主角是否"纯粹"的是原来那个人，换言之，已经和超级电脑结合的"他"可能已不再是原来那个"他"，但同时又仍然被男主角痴情所打动这样一种矛盾心态。

就虚拟生存和人工智能的角度，《超验骇客》体现了人和机器结合的一种可能：即既是人类，又是超级电脑。前文笔者所讨论的虚拟生存个体，只是认为虚拟生存可以带来一种无病无痛、不灭不死的状态，同时保留人的意识、记忆和情感；这种状态比起生物性的人，当然是一种革命性的进化；但如果像本片所想象的，虚拟生存个体具有超级信息能力，可以控制现实世界中的任何资源，甚至包括人的思维，那么这明显跨越了人类当前所能接受的界限。这也解释了影片中的女主角即使仍然爱着男主角，但终究恐惧和理性占据了上风，最终完成了与男主角的决裂——西方价值观中的个体自由，是神圣不可侵犯的最高原则。

本片中的男主角，已经完全成为虚拟生存个体，不再具有生物肉体，而是纯粹的数字化和信息化的人，生存在电子设备硬件构成的世界中。因其具有超级电脑的能力，从而通过互联网来控制现实世界中的一切，包括能源、机械、电子设备等等，并通过电波等技术手段最终实现了对全体人类意志的控制。人的进化，在虚拟现实中主要是通过部分或全部抛弃肉体来实现，这在技术上并不会直接导致人的自由的丧失。但影片提示我们一种可能性，即超级电脑（人工智能）的诞生对人类的不利一面。同样的想象在多部好莱坞电影中反复出现，例如著名的《终结者》系列中企图灭绝人类的超级电脑"天网"；《复仇者联盟：奥创纪元》中的超级电脑"奥创"。而《超验骇客》与众不同之处在于，它提出超级电脑和虚拟生存者结合的概念，认为二者可以进行能力的互补，变为既具有超能力又具有主体性的生存个体，并试图进化人类。只不过对于人类来说，失去自由意志绝对无法接受——哪怕这样做可以获得长生不老。实际上在黑客帝国中体现的价值观也如出一辙：不自由，毋宁死。

本片的深刻之处在于，越过了二元世界对立的概念，试图探讨虚拟生存和现实生存的关系。其手段是通过男女主角的感情关系来发展情节：男主角在虚拟化后，为了实现女主角的最大心愿"使令世界更美好"，认为必须进化"超验"人类，但女主角不能接受这一点，尤其在男主角已经和超级电脑结合，女主角既为男主角的不变的感情所打动，又担心这已经不是原来的男主角本人，而是电脑的策略。另外就是二者之间的正常夫妻关系变成了纯粹的精神关系，女主角对此并不完全适应。这并非是狭隘的性的关系，而是说触觉的丧失，如牵手、拥抱等行为，在失去后才显示出其在人类关系中的价值。肉体的人类需要"感觉统合"，即以感官为起点，经由神经和动作的协调来实现对世界的感知。缺乏感觉统合的人被认为是疾病患者。换言之，触觉的鸿沟，恐怕是虚拟生存者和现实生存者关系的主要障碍之一。

《超体》：超级生命形式和虚拟现实

《超体》并非和虚拟现实、人工智能相关，但其体现的人类生存形式对虚拟现实和人工智能的未来更进一步，提出的是一种类似于好莱坞"超级英雄"式的生命存在，而这可能是虚拟生存的最终极限。

　　《超体》由法国著名导演吕克·贝松编剧、执导，是一部具有独特风格的好莱坞大片，充满着作者的奇幻想象。该片的科幻立足点是：普通人类的大脑终其一生，利用率也只有15%。以此为背景描述的是女主角从一个普通女孩，在通过药物提升脑力利用率后，变为超级生命形式的故事。本片的其他部分与虚拟现实联系不上，只有在结尾，女主角最终成了类似神一般说不清道不明的存在，能幻化为任何形式的物体，融入物质世界之中。这点和虚拟现实世界与虚拟生存个体的关系相似。虚拟现实生存个体在虚拟现实世界中以信息的形式存在，信息是其本质，但信息依附于各种各样的物质形式之上。在真实世界中，信息同样依附于物质形式，但不同之处在于，真实世界中的信息无法从一个物体转移到另一个物体，即完全抛弃原有物体的"剪切"；而虚拟现实中，由于具体的物体也由信息构成，这种剪切式转移便成为可能。用严格的科学观点来看，脑力的利用率提升，并不会导致物质的分解和自体的形式改变；但导演在本片中的大胆想象，仍然给虚拟生存方式带来了这样的疑问：人类生存的形式，是否可以最终脱离物质的约束，变得如同神一样无形无色、千变万化，任何东西都可以为人的形式？从虚拟现实的角度来看，这是确定无疑的。当前虚拟现实的发展水平只是一个视觉环境和少量触觉环境的综合，而随着技术的进一步发展，人的五官最终可以完全沉浸在虚拟现实中；结合人工智能的发展，人脑可以完全复制，并由计算机执行其情绪和逻辑后，人脑也完全可以虚拟化，这样人的虚拟生存便彻底实现了。在虚拟现实中,人可以用信息化的表达来呈现自身的视觉和物质性质,这种物质性质完全由虚拟个体决定。在虚拟现实中,人实现了"神"所具备的能力,是一种超级生命。其唯一受到的制约是,整个虚拟现实世界仍然建立在真实物质世界的基础上,物质世界是实质层,虚拟世界是精神层。以马克思唯物主义观点论之,其并未脱离物质决定意识的范畴。但虚拟现实作为精神层,可以反作用于物质层。这样的次第包含关系的二元世界和二元生存是从未存在过的。这样的超级生命虽然无法脱离物质的制约,但在虚拟现实中,其"超级"特性是确定无疑的。

人们对于超级生命形式的想象,其实从古至今都具有一些共同特征:长生不死、外在形态随心所欲、具有超级能力。中西方神话中,类似的例子数不胜数。在现实科技看来,要实现这样的目的还相对遥远,因为人类改造现实的能力还远远达不到。但在虚拟现实中,任何物体都由信息所构成,再加之人工智能的自动化,超级生命形式相对容易实现。换言之,"神"在虚拟现实中将是切实的存在。

文明意义的终极拷问

除了上述典型外,近年许多大众电影都涉及各式各样的二元世界情结。如《未来学大会》描述的是一个过气明星将自己的形象数字化后变为虚拟生存者，但由于遭到种种亲情、爱情的纠结而不得不在两个空间中来回穿梭。这类电影都基于这样一个思考：在未来的二元乃至多元时空中，"人不能在同一时间踏进两条河流"这样的论断成为历史，而真实的物质世界只有一个，人们应如何处理自己的多元生存之间的关系？更深入一步来说，人的生存意义，包括人类的生存意义为何？

从《黑客帝国》简单的二元对立想象，到《超验骇客》的复杂的二元感情，再到《超体》这样的超脱式科幻神话，可以简单地看作是人类对虚拟现实未来下，生存意义的递进式理解：《黑客帝国》中人类为了生存而战；《超验骇客》中人为了自我和自由而活；《超体》中人不再纠结于个体感情，而是参悟了整个世界，成为世界的神。生存的意义，在终极的角度而言，可以按此规律大体划分为三种：物质的、精神的和神的。其中物质的生存意义最容易理解，即我们说的生存本身，尤其是肉体的存在，和肉体的愉悦，这也是大多数人认可的生存意义；精神的生存则最佳的解读为柏拉图式的精神恋爱，一种依赖于感情的存在，包括亲情、友情、爱情等；但又不仅仅限于个体感情，在群体感情上精神的生存意义则表现为自由、独立、尊严等群体意志的实现；作为"神"的生存意义则更为超脱，基于对世界的充分理解和掌控、对物质的完全满足（或无需求）；进入一种无欲无求，也不再因生物化的感情而产生喜怒哀乐等情绪。这三者又分别对应人类的生物体、半虚拟化和完全虚拟化三个阶段。个体的生存意义往往由个人选择和定义，但物质生存是不可回避的事实，从这点上说，肉体的生存无法摆脱物质的意义。群体的生存意义则具有集体原则，而且更注重相对性——一个生物种群的存在价值，由其他生物种群或非生物性的外界决定。例如人类作为一个群体的价值，是对应其他生物以及这个整体宇宙而言的。人类作为高等智慧生物，人类文明之存在意义本身就是对整个物质世界的挑战，即去理解、掌握和超越物质世界，这个过程必定是漫长的，且伴随着人类的进化而发展，但最终未必能实现。不过，结果并非最重要的，过程才是。上述电影所想象和描摹的世界，正是人类追求这一终极目标的不同表现在大众文化中的反映。

值得深思的是，完全虚拟化的人，会不会导致人性的丧失？《超体》中的主角，在脑力利用率不断提高的过程中，已经出现了对人世间的感情逐渐舍离的现象。这虽然是一种想象，但符合逻辑。当人越了解物质世界本身，即越理性，理性越会削弱感性。完全虚拟化的人类，虽然不具有超能力，但抛弃生物肉身来换取永恒的生命，其代价可能是感情能力的丧失。感情包括爱、恨、喜怒哀乐等复杂的生物心理互动作用，基于生物的神经、细胞和化学反应。理论上，我们可以制造一套专门的系统来模拟人类的感情能力，但这必将大大增加虚拟化的成本，也并非个体虚拟生存所必须。因此，失去感情能力、只有逻辑思维，是否会导致人性的丧失，成为一个重大的问题。在多个科幻文学、电影中，机器人（人工智能）做出毁灭人类的决定，往往是基于逻辑思维的结论，即认为人类的存在对于地球和其他生命体而言是一种威胁而非一种进步力量。这种情节设置当然是警醒世人要注重可持续发展的生态系统和环保主义的艺术化，但不可否认其有一定合理成分。上述文学作品、电影中，将此类作出"消灭人类以拯救地球和其他生物"结论的人工智能作为反派进行打到，也正是基于"人性"的基本观念。人虚拟化后，"超脱"的精神状态可能带来的负面结果就是过于理性，而有意无意地将人性和情感置于一个相对低的位置。那样的话，至少在当前的人类价值观看来，是不可取的。这种人性的丧失虽然可能由于受到人工智能原则的制约而不至于危害个体和社会，但缺乏情感的生存方式令人困扰。解决这一点，需要从情感的数字化着手——但这并非一个技术难题，而是一个伦理问题。回到本章最初：人类文明的终极意义是什么？只有在明确了人类生存意义和文明的存在价值之后，才能回答虚拟现实生存中情感的必要性问题。对于生存意义，有人认为生存自身是就是一种自治独立的意义，因为以人类中心观的角度，宇宙本身作为客观世界并无实质意义，人类这样的主观能动性相对于宇宙而言是一种平衡因素。在此语境下，情感并不是必需品，因为不管人类是否具有情感能力，其仍然具有主体意志。有人认为生存意义在于"休闲"[①]；此处的休闲是相对于人受到物质的压迫而言的，也即摆脱物质制约后的状态。对于虚拟生存

[①] 季斌："休闲：洞察人的生存意义"，载于《自然辩证法研究》，2001年第05期。

而言，已经很大程度上摆脱了物质的需求，则情感只是一种虚拟生存的调节剂，也并非完全必须。不过，情感可以提高"休闲"状态的质量。因为休闲本身需要体验，情感的体验作为完整的生物人类必不可少的部分，可以作为一个备选项存在。情感的实质，从人类发展史来看，与血缘关系、与人的社会关系和生物欲望有关。如若情感不再成为人类生存的必需品，纯粹逻辑和理性主导下的世界，是否会成为人类发展史的重大挑战？首先，人类文明的意义之命题乃是人类自身，人类的生存方式无论如何改变，人类自身作为一个绝对命题，并不会导致人类意义的丧失和价值的剥离。其次，情感的失去可能并没有想象那么可怕，很大程度上这也许只是一种对未知的恐惧。再次，情感的失去不等于人性的失去，相反，只需在最初制定好人性底线的"规则"，那么理性的人必然遵循。最后，正如前文所述，真实现实并不会消失，而是与虚拟现实并存，存在分裂的人群和社群，必然有着维持情感的人类，这个群体的存在也保障了人性的底线，而越是理性，越不可能作出违反人性的行为。

2016年3月上映的美国电影《虚拟性成瘾》（Creative Control）即以虚拟性爱为话题展开情节。性、毒品、虚拟现实的结合，确实有可能摧毁很多人的意志，当这个数量足够大时，便会对人类的历史产生影响。从古罗马的灭亡到近代的鸦片战争，都直接或间接地受到这些单纯追求肉体和精神刺激因素的影响。所幸的是，虚拟现实所提供的一切并非免费，仍需现实的基础设施、硬件、能源和市场经济体制去维持，这些是现实世界才能提供的东西，任何享受着虚拟现实生存的个体，也必须要取得这些资源，才能顾及虚拟现实的生存，能完全沉溺于虚拟现实中、无须受到现实世界制约的人毕竟是凤毛麟角的，即使是完全虚拟化的个体，也必须从事劳动和交换才可能维持虚拟生存。

打个极端的比方，虚拟现实会否如同毒品一样霸占人类的精神生活而导致人类文明的退步？不论如何这是值得警惕的。虽然这样并不会导致人类的灭亡，但会导致文明和社会发展的动力消亡，从而削弱了人类和文明自身的意义所在。鸦片、电子游戏……任何让人沉迷的事物都是个人的选择，但当这种沉迷达到伤害个体或他人的程度的时候，就成为一种道德和伦理上排斥的东西；而虚拟现实依赖于营造新世界的精神满足，可能让人类整体陷入到一种迷茫、堕落的境地。不论从个体或是人类整体的角度出发，这种情形都应当避免。

即使从字面上去理解，人类生存的意义和人类文明的意义也有很大区别，但二者仍然是不可分割的关系：个体和整体、具体和宏观、情感和理性……个体生存的目的可以多元化；而文明的意义则相对单一，需要参照物来彰显。不过个体的某些方面的集体意志决定了文明的特点和发展路径。虚拟现实生存带给个体生存一个选择题，即是否沉浸于自己所营造的世界中？虚拟现实是一个基于精神构建的世界，虽然我们说，通过虚拟现实和外界现实世界的连接，我们仍然可以改变真实世界；但当精神满足达到一定高度后，我们对于改变真实世界的动力很可能会减弱。如果大部分人沉浸于虚拟现实而无法自拔，那么整个人类文明发展的动力也将减弱。个体对于生存的意义如果仅限于满足在虚拟世界中，通过不断的刺激和反馈获得自我陶醉，而忽视了对现实世界、对这个地球和宇宙万物的探索，文明的意义也将停滞不前。

后　记

　　许多媒体和专业人士认为，2016 年是真正意义上的"虚拟现实元年"。对此的理解，应放在一个大的背景下，即互联网的成熟和瓶颈化。自 20 世纪末以来，互联网迅速渗透到人类各个领域，而同样时期起源的虚拟现实技术，却直到今天才迎来产业化的初潮。互联网技术实质是对信息的重新组织和管理技术，通过电子计算机辅助将原本存在于人类社会的、海量的信息集合起来，并通过程序（也就是人工智能的雏形）进行整合，按照人能理解的形式重新展示利用。这种突破带来的第三次工业革命，其影响力之巨大，毋庸多言。而人工智能，又可以看作是较为复杂的程序，其具有特殊的自我学习能力，甚至可以形成自我意识，包括自我修正和进化的能力，其来源于人类的智慧，却自成体系地依赖于计算机系统和网络，具有人类所不具备的能力。虚拟现实之所以到今天才迎来"元年"，与互联网技术和人工智能的发展有密切关联。换言之，虚拟现实能否产业化，要看互联网技术和人工智能产业化的结果。当然，这里所说的虚拟现实并不仅仅是 VR 眼镜和 VR 头盔呈现的视觉环境，而是包括了互联网技术下深度融合人工智能客体所构造的未来世纪。

在这个背景下，对于虚拟现实的未来影响进行预测性的研究，是有一定必要性和意义的。虽然在当下看来，对虚拟现实还很难形成终极性的判断，但其具有的一些潜在能力和影响，应该是显而易见的。这些影响，在很大程度上符合了"媒介技术论"的核心观点，即技术形式决定了其他。本书作者也深受麦克卢汉影响，在此书架构上，也采取了类似的按媒介类型论述的体系，不过只按大众传媒的定义，划分为新闻、广告、影视等大类，再加入对游戏的研究，基本上涵盖了传播学所认定的领域。因此，从写作目的而言，这是一本传播学研究著作，但受限于虚拟现实当前的不成熟，本书也融合了大量技术方面的新闻和案例进行例证，显得全书对虚拟现实的探讨尚不够理论化。但对于当前的社科领域内的虚拟现实研究而言，相信可以起到抛砖引玉的作用。